当我们老了
——越活越轻松

原　著　【美】Mindy Greenstein
　　　　【美】Jimmie Holland
主　译　**唐丽丽**
副主译　**胜　利**

译　者（按姓氏笔画排序）

王紫箫　李金江　李梓萌　何　毅　何双智
汪　艳　宋丽莉　张叶宁　易　鸣　周雨禾
庞　英　洪　晔　胜　利　高　畅　唐丽丽
童　菲

人民卫生出版社

图书在版编目（CIP）数据

当我们老了：越活越轻松 /（美）明迪·格林斯坦
（Mindy Greenstein）原著；唐丽丽主译 .—北京：人
民卫生出版社，2019

ISBN 978-7-117-28544-5

Ⅰ.①当… Ⅱ.①明…②唐… Ⅲ.①老年心理学 –
通俗读物 Ⅳ.①B844.4

中国版本图书馆 CIP 数据核字（2019）第 096601 号

人卫智网	www.ipmph.com	医学教育、学术、考试、健康，
		购书智慧智能综合服务平台
人卫官网	www.pmph.com	人卫官方资讯发布平台

当我们老了——越活越轻松

主　　译：唐丽丽
出版发行：人民卫生出版社（中继线 010-59780011）
地　　址：北京市朝阳区潘家园南里 19 号
邮　　编：100021
E - mail：pmph @ pmph.com
购书热线：010-59787592　　010-59787584　　010-65264830
印　　刷：北京画中画印刷有限公司
经　　销：新华书店
开　　本：889×1194　1/32　印张：9.5
字　　数：167 千字
版　　次：2019 年 6 月第 1 版　2019 年 6 月第 1 版第 1 次印刷
标准书号：ISBN 978-7-117-28544-5
定　　价：39.00 元

打击盗版举报电话：010-59787491　　**E-mail：WQ @ pmph.com**
（凡属印装质量问题请与本社市场营销中心联系退换）

致 谢

感谢 Marguerite Lederberg，我们充满智慧的同事。感谢 Madeline Holland，勤奋好学的孙女，也是我们私人定制读书会的"助产士"。感谢 Jimmie 的儿媳 Demece Garepis，她是帮助克服技术困难的专家。感谢 Philip Errol，感谢他给予 Mindy 的技术支持。感谢 Daniel Garepis Holland 开发了"祖母软件"。感谢 Max 和 Isaac，教给 Mindy 从年轻人的视角看待世界。感谢 Ivelisse Belardo，耐心又机智灵活地记录下所有的想法。感谢 Talia Weiss，我们高效的研究助理。感谢 Zaneta McMicheael，他是"老与病"支持小组以及私人定制读书会的大管家。感谢我们的同事们，包括 Chris Nelson，Andy Roth，Liz Harvey，William Breitbart 和 Yesne Alici。 感谢读书会与支持小组的成员们，感谢他们富于启发性的讨论和洞见，感谢所有分享自己故事、分享自己在艰难中有智慧感悟的人们，感谢他们的家人、朋友，感谢所有参与长程调查与访谈的人们。多年来，很多人给我们的项目以支持，当然，也要感谢我们各自的丈夫，Rob 和 Jim，他们始终在那里支持着我们。

序 一

本书的作者 Jimmie Holland 教授在 2017 年的平安夜，与家人共享平安夜晚餐时因心脏病发作永远地离开了我们，到现在已经离开我们有一年多的时间了。我的眼前仍然常常浮现 Holland 教授的音容笑貌，与教授的第一次见面仍记忆犹新，教授温暖的笑容和慈悲的胸怀让我感受到一位真正的天使站在自己的面前。我的耳边仍然常常回响 Holland 教授的至理名言，"医学不仅仅是装在瓶子里的药"。望着和 Holland 教授一年多前的合影，追忆教授的叮咛和希冀，她希望中国的心理社会肿瘤学事业能够发展壮大，这份对中国的关怀将永远铭记在我心间。中国心理社会肿瘤学未来发展之路仍然任重道远，我辈必将牢记使命，承载着 Holland 教授人性的光辉和踏实的学术精神一路前行。

对于 Holland 教授的离世，作为教授的第一名中国学生，我在伤心悲痛之余，总想为纪念教授做些事情。2016 年都柏林国际心理社会肿瘤协会世界大会期间，有幸再次见到我的导师 Jimmie Holland 教授，她亲自将这本 *Lighter as We Go——Virtues，Character Strengths，and Aging* 交到我的手里，希望我能将它翻译成中文分享给中国读者，希望那些

4

对衰老有思考或对成长有困惑的中国成年人都可以通过本书有所收获。"苍龙日暮还行雨,老树春深更著花",教授在85岁高龄时撰写此书,将自身应对衰老时宝贵的经验倾囊相授,这本书更是 Holland 教授毕生所学和智慧的结晶。人生必然会经历衰老,那么老年生活仅仅是功能退化、意识减弱、依靠他人、等待死亡吗? 如何让生活变得夕阳无限好,超越、幽默、正义、勇气、智慧、节制、传承、感恩,是年老后所获的生活美德和真谛。此书将带给读者不一样的经历和感触。Holland 教授不愧是老有所为的好榜样,值得我们敬佩和学习。我组织团队翻译此书正是为了表达对 Holland 教授的缅怀之情。

回顾 Holland 教授的生平,Holland 教授是心理社会肿瘤学的创始人。20 世纪 70 年代,她首先在美国纪念斯隆——凯瑟琳癌症中心成立了精神与行为医学科,并开始为癌症患者提供心理社会服务,将心理社会肿瘤学融入肿瘤临床的常规诊疗中,使得肿瘤患者的生活质量得到提升;1984 年 Holland 教授倡导建立了国际心理社会肿瘤协会(The International Psycho-Oncology Society,IPOS),时至今日 IPOS 已经无可替代地成为了全球该领域最权威的学术组织;同年,Holland 教授引领编写了首部权威教材 *Psycho-Oncology*,并创办了学术期刊 *Psycho-Oncology*;为全世界培养了无数的心理社会肿瘤学优秀的工作人员,大家都亲切地称呼她为"Grandma"。

2006 年中国抗癌协会肿瘤心理学专业委员会筹备,受筹备组邀请 Holland 教授第一次踏上她的中国学术之旅,讲座中她提到"中国是一个人口占到世界 1/5 的大国,医学科学也在紧跟世界发展,癌症患者的身心痛苦已经摆在我们眼前,我欣喜地看到有越来越多的优秀学者加入到这个队伍中,这项事业在中国的发展必将对全球的发展带来巨大的影响,更会给华人聚居地区的医学人文照护提供不可替代的实践经验"。

斯人已逝,然而 Holland 教授的智慧、热情和慈爱之心将永远留在我们心中,也将继续激励着一代又一代心理社会肿瘤学人不断开拓进取,让这项事业的火种在全球各个角落不断点燃、薪火相传。

借此机会深切缅怀心理社会肿瘤学奠基人 Jimmie Holland 教授! 心灵智慧将永远闪耀在每一位读者的生活中!

唐丽丽

2019 年 4 月 23 日

于北京大学肿瘤医院

序　二

这是一本写给老年人的书，也是一本写给青年人、中年人的书。从生命全周期的观点看，老年是青年、中年的延续和结果，今天的中年就是明天的老年，今天的青年就是明天的中年，后天的老年。老年人生积淀深厚，价值忧重，需要社会和他人的关爱，更需要再学习、再思考，自尊、自立、自强。这是我们进入老龄化社会后必须要面对的。

我国从 2000 年进入老龄化社会，现已成为我国一个极为严峻的社会问题，严重影响着我国社会、经济等各方面的发展。中国老龄科学研究中心发布的《老龄蓝皮书：中国城乡老年人生活状况调查报告（2018）》称，当代中国的老龄化社会面临诸多问题，包括老年人口数量持续增加，人口老龄化程度持续加深；老年人收入水平总体不高，因老返贫、因病致贫风险较大；失能、半失能老年人口数量较大，照护服务需求持续上升；宜居建设滞后、全民对老年期生活准备不足等。

老龄化现象不仅为老年人所关心，更是今天的青年人在未来要面对的现实，我们做好应对准备了吗？死亡总有一天会降临，我们是否会因为恐惧死亡而害怕衰老？当我们年老体弱，不能照顾自己的时候，什么使生活值得过下去？我们将如何度过年老的岁月？老年是否仅仅意味着疾病、衰老、负担、不能继续为社会做贡献？是否意味着消极等待，在社会角色中逐渐淡出？

以上问题均可以在本书中找到答案。本书内容分为三大部分，第一部分包括第 1 章～第 4 章，介绍了性格、性格优势以及随着时间的持续性，在此部分作者为我们揭示了幸福感呈 U 型曲线的奥秘，在不同国家、不同人身上，幸福感随年龄变化的走势惊人的相似，均呈现 U 型曲线，年轻与年老时最快乐，中年感觉最不幸，"谷底"在 50 岁左右；作者还介绍了成年后的岁月，从年轻人的压力，"上有老下有小"的中年生活，到活在当下的老年生活；详细介绍了性格、性格优势和美德的概念和内涵，对西方世界老龄观进行了阐述。第二部分包括第 5 章～第 11 章，在此部分作者详细描述了各种美德：超越、幽默、人性和社会正义、勇气、智慧、节制、传承，探讨了美德如何使我们越活越轻松。第三部分包括第 12 章、第 13 章，介绍了如何把美德付诸实践，如何更好地度过老年生活，能在迟暮之时感激生命的真谛。

老年生活应该是什么样子，《当我们老了——越活越轻松》这本书给了我们答案。本书展示了很多领域的研究成果，涉及社会心理学、人类学、神经科学、精神病学及老年医学，从不同层面全面认识老年和变老的问题，帮助我们克服

年龄歧视以及对衰老的恐惧,帮助我们调整面对人生最后时光的态度,重新认识衰老的意义。我们都是自己生活的"作者和联合作者",都在书写自己的生命历程,老年则呈现出了更多的性格优势和优秀品质,如感受到了自我超越后的洒脱,学会用幽默面对困难,智慧和勇气像窖藏的酒历久弥香,更多懂得控制才是获得自由的真理,更多感受到生命在当下折射出的炫彩,老年人也在向下一代人传承优秀品质的过程中体验到自己生命价值的光芒。老年人也会不可避免地面对孤独和与高速发展的社会脱节的问题,保持良好的社会关系和人际关系至关重要。学着让身体做减法,让生活做减法,摆脱不必要的负担,老年人需要轻装上阵,越活越轻松。本书除了探索衰老的话题,还探讨了生活中的挑战与欢乐,所以不仅是一本关于岁月体验的书,也是一本关于生活中如何应对成长的书。

"莫道桑榆晚,为霞尚满天"。老年是生命的特殊时期,是仍然可以有作为、有进步、有快乐的重要人生阶段。今年已是 97 岁高龄的我国肝胆外科之父吴孟超院士仍然坚持每周 3 台手术;同样 97 岁高龄的中国人口学、老年学奠基人,中国人民大学邬沧萍教授,仍笔耕不辍,沉浸在老龄问题研究中,从去年开始组织编写《社会老龄学》和《老年人价值论》两本书;科学家屠呦呦 85 岁获得诺贝尔生理医学奖;88 岁耄耋之年的巫漪丽一曲《梁祝》弹哭了荧幕前的所有观众……这些都是我们身边鲜活的老有所为的例子,告诉我们夕阳虽已近黄昏,仍可展现无限光芒。

"银发社会"既带来新的挑战,也蕴含新的机遇,全社会应提倡孝老敬老、爱老助老,又呼唤老有所用,为老年人发挥作用创造条件。让我们用本书提倡的积极老龄观迎接"银发浪潮",少些"人谁不顾老,老去有谁怜"的忧虑,多些"烈士暮年,壮心不已"的豪情。愿你我年老时,都能更加从容豁达,绽放绚丽风采!

中国老年学和老年医学学会会长

刘维林

2019 年 4 月 26 日

前　言

我们好多人上高中时就开始害怕变老。我认为那简直是在糟蹋美好的时光。

——Betty White，*演员*，90 岁

这一年是我们两个的大生日之年。

Jimmie，85 岁了，已经是公认的"高龄老人"。像很多人一样，她也奇怪一切发生的如此之快。小时候，她总是乐于和老人家们聊天，喜欢听她妈妈和姨妈们笑谈那些美好的旧时光。她喜爱历史，而且就住在一度被 William Howe 征用当成司令部的那座老房子里。当初 Howe 爵士在这里和 George Washington 跨越布朗克斯河对峙，就是那场著名的白平原战役。最喜欢的私人读物是 James Fenimore Cooper 所著的《间谍》(*The Spy*)。她对自己如此健康高寿有着深深的感恩之情，觉得生活曾经很美好，而且现在依然美好。这也就是为什么，参加她 85 岁生日聚会的朋友们都得到了一个冰箱贴，上面写着"85 岁，比你想的要好"。

今年是 Mindy 50 岁的生日。临近生日时，Mindy 想起了几年前她的一段经历。那是 6 月里阳光明媚的一天，当时 43 岁的 Mindy 走在纽约市她家附近的滨河路上。她像往常一样快速移动着脚步，但是这次，她被挡在两位行动很慢的老太太后面了。其中一位看上去已经 90 岁上下了。她身材瘦小，紧靠在她的助行器上（脚爪上带有压缩球的那种，能让助行器更平顺地移动）。这位老太太自在的和旁边那位年轻一些的陪伴者聊着，但是走到街角都会花去她们很长一段时间。Mindy 等待时机，以便能够在不太冒犯她们的情况下超过去。看到年纪更大的老太太，Mindy 感觉很糟。走过几个街区都不得不花这么大劲儿、这么长时间，一定很糟。

就在一周后，Mindy 被诊断出乳腺癌。突然间，她甚至没有把握能活到 50 岁，更别说 80 岁或 90 岁了。她想到，"哦，成为那个幸运的老太太吧，心下了然，我居然活了这么长！"果真如此，谁还在乎走过几个街区要花多长时间呢？今年，当她跨过 50 岁时，她不再为变老而烦恼，她庆祝自己活得更长。她庆祝的方式之一就是利用每周的会面，和 Jimmie 一起写下这本书。

从各自不同的角度，我们都发现社会在面临变老问题时是多么需要进行态度上的调整。有句老话，"变老消磨着我们，它打败了其他选择。"我们都曾看到某些其他选择来

到我们面前,并且不止一种方式,然而这些选择向我们展示了一个独特的视角,即变老如何打败了所有这些选择。我们不是说,变老都是好的,但肯定不是都不好。像生命中其他时段一样,变得更老是喜忧参半的。而且,正如我们将要讨论的,很多社会科学研究提示,许多人对老年生活的体验比原先预想的要积极得多,甚至比他们年轻时更积极。

许多研究数据都能证明,人的一生生存状态好坏呈现 U型,我们称其为"U 型人生"。命名取自研究者发现的"U 型曲线"——即我们对自己生存状态的感受在年轻时处于高点,然后下行,到中年时处于平稳期,然后再次上行,并持续走高,贯穿 70 岁、80 岁甚至更高年龄。随着时光流逝,我们学会了更宽容地看待事物。用哲学家 William May 的话说,我们学会了"轻装前行"。

但是,情况经常是,负面的刻板印象吓坏了年轻人,也让老人们对自己的情况感觉更糟。中年人害怕变老,年轻人害怕人到中年(年轻人对于活到 Jimmie 的年纪,简直不敢想象),这种情况就像一串长长的依次倒下的多米诺骨牌,传递着对变老的恐惧。即使是"变老"这个词本身就代表某种观念。当 Mindy 第一次提出变老不仅让年轻人感到恐惧,同样也让她这样的中年人畏惧。Jimmie 笑了笑说:"可是 Mindy,你还挺年轻的呢!"

那么,我们怎么走到一起,共同写作这本书的呢?

　　当各年龄段的病人面临自己很可能去日无多时，我们俩与他们交谈，在这方面我们都有着丰富的经验。Jimmie是精神科医生，她一直热衷于了解人们是如何面对严峻的生命挑战的。1977年，她来到纪念斯隆-凯瑟琳癌症中心，在那里开创了心理和精神科服务，这是照顾的一个重要方面，但很糟糕的是，此前被忽视了。她创立并发展壮大了"心理社会肿瘤学"这一学科领域（肿瘤学的一个亚专业），开展了世界闻名的临床工作和研究项目，以及针对下一代心理肿瘤学从业者的培训。她的努力获得了成功，使得世界范围内的癌症中心纷纷建立了类似的服务，而且医学委员会规定，癌症治疗项目必须像照顾身体一样，整合加入对心灵进行照顾的方法。她个人帮助过成百上千的患者，帮助他们应对严重疾病带来的生存危机。

　　Mindy是一名临床心理师，在20世纪90年代末来到纪念斯隆-凯瑟琳癌症中心，在Jimmie的部门接受培训，成为一名心理肿瘤学专业人员。作为学员的两年中，她是精神科服务项目下主要的临床学员，并且成为"意义为中心"小组治疗的创始人之一。这种干预措施是帮助癌症患者发现他们生活的意义。Mindy还与很多经历着癌症诊断所致生存危机的男男女女一起努力，处理疾病所带来的潜在丧失。

　　大约在2005年前后，纪念斯隆-凯瑟琳癌症中心出现

了新的挑战——老年癌症患者人群快速增长，而对如何帮助他们处理所面临的、独特的复杂情况（衰老与患病）却准备不足。老人们已经面对着失去配偶、同龄人的痛苦，还要应付视力、听力、运动能力下降，再加上患病与治疗的负担，似乎负担太重了。然而，几乎没有专为老年人定制的支持服务。

Jimmie 那时候已经 70 多岁了，正在着手建立了一个多学科老年精神医学团队，和 Andy Roth 医生（精神科）、Chris Nelson 博士（临床心理师）、Anne Martin（社工）以及 Liz Harvey（咨询顾问）一起开发了一项针对老人的支持咨询服务。在完成了自己的癌症治疗后，Mindy 带着她对变老积极方面的新感悟，参加了这个团队。这个团队还获得了真正的"行家里手"的帮助——那些年逾古稀，曾经面对过癌症的男男女女。在充分知情的情况下，他们热切地给出自己的意见。在我们出现错误时，他们直言不讳地予以指出。我们共同努力的一个结果就是创建并发展了我们的双周"老与病"支持小组，在那里可以和我们的"病人专家"一起探索关于衰老和疾病相关的新问题和新想法。

那么，老人们都谈了些什么呢？他们的主要抱怨是，"我痛恨那些针对老人的说法"，比如"怪老头""老东西""老傻帽""老太婆""老爹""靠边儿站"。记起自己的母亲 Velma 很久以前的抱怨，竟然管我们叫"资深公民"

(Senior citizen，在美国一度成为对老年人的"客气"称谓。可是根本没有对应的 junior citizen（初级公民）一说）。Velma 会说："给我指指看，谁是'初级公民'？"当人们不友好或居高临下地谈论他们时，老年人会觉得被贬低了。我们问老人，他们喜欢哪种称谓。一位八旬老人 Eddie Weaver 提出了"老练的长者"，老人们发现这个称呼更可接受。

我们面临的另一个问题是，这些歧视老年的态度是现代社会的产物（当下社会我们崇尚年轻、美丽、浪漫）还是早先的各种文化中古已有之？对这个问题答案的探索，是由一位孙女和祖母隔代人之间的爱所激发的。故事发生在 Jimmie 和她的孙女 Madeline 身上。在 Madeline 入大学前的间隔年，开始了她们祖孙的读书会。她们一起读了哈佛大学的 50 部世界经典文学，很享受由此激发的讨论。当 Madeline 到大学学习后，不得不停下她们的读书会。她提议，读书会同样能成为"老与病"小组令人振奋的活动，特别适合那些很多时候都独自在家的老人。小组对这个想法很有热情，于是私人定制读书会在 2012 年春天诞生了。读书会成长顺利，甚至比孵化了它的原小组更受欢迎。

一位 93 岁的私人定制读书会会员选择了公元前 44 年西塞罗的《论老年》(Essay on Old Age) 作为第 2 本分享的图书。令所有人惊奇的是，西塞罗很快就回答了我们的问题——歧视老年的态度，在 2000 年前的古罗马已经有大量

记载。我们将在第 4 章看到,对衰老现象历史的讨论,而且当时也有了针对歧视老年的"解药"。小组不得不同意西塞罗的看法,即老人们并不是像年轻人经常想象的那样,坐在那里拨弄着拇指等死,或者态度阴郁。相反,他们对生活很投入,活在当下,和其他老人分享"面对某某情况,你是如何过的",特别是在小组中。

无论是在"老与病"小组,还是在私人定制读书会,我们都发现大家对岁月流逝的讨论是富于启发性的,并将过去和现在融为一体。当小组成员们描述自己是如何应对生活时,他们采用"老式"的说法,如爱、勇气和善良,这些词听上去把人带回了古希腊人描述的一些美德或性格优势,这样的说法在世界各种伟大的哲学和宗教传统中被反复提及。正是通过这些美德与性格上的长处,老人们学会了"轻装前行"。

同时,"轻装前行"帮助他们进一步发展了这些优点。当他们讲述自己的人生故事时,他们不仅用这些美德描述他们的欢乐,也用这些美德来说明他们是怎么度过艰难时光的。他们讲述着有趣的和悲伤的故事,就像他们在人生其他时段也曾讲述过的那样。他们讲故事时带着独特的幽默和谦逊,以及自己已经尽力而为的感觉。即使每个人的人生都难免有些遗憾,但是他们还是想要拥有同样的一生,或者像 Ben Franklin 那样(我们读书会分享的第一本书就是

Franklin 的），"如果让我来重新选择，我不反对从头重复同样的一生，只是要求一些更正的便利，就像作者在第2版图书面世前可以修改第1版的某些错误一样"。

像许多老人们表述的，对于变老的信条与现实之间，存在着明显的"失联"。老人们说，变老并不像广告中那样阴冷残酷，而是有不少收获，只是没有得到赏识与认可。这种"失联"的一个重要原因是，不同辈分人之间的互动经常是少得可怜。这本书是为所有年龄段的成年人写的，就像它的作者包括两辈人，而且还得到第三代人的反馈。我们在普遍意义上探索岁月的体验，聚焦于中年和老年，纳入了我们在个别访谈或小组讨论中从人们那里学到的东西，结合了医学和心理学研究中某些令人振奋的新的方法，结合了历史、典籍与戏剧、人们的日常生活故事，以及我们个人的和临床的观点。

Jimmie 和 Mindy 对一起探索这一领域感到非常享受。她们希望这本书能够激发类似的代际对话，探讨生活的挑战与欢乐。一本关于岁月的书，未必说的都是变老。它是关于生活的，是一本关于我们一生中如何应对与成长的书。

目 录

第二部分　美　　德

第三部分　把美德付诸实践

第一部分

性格、性格优势和持续性

第 1 章

橡树的比喻和 U 型曲线
——年龄、幸福和"属于我"的经历

> 我们所经受的磨砺和持续存在的到底是什么？
>
> ——James Hillman《性格的力量》

橡树的比喻

在生活中，我们面临的特殊挑战之一是随着时间的流逝，对于自己身份认同感的变化。身份认同感既是会改变的，又是会保持相对稳定的。比如，当年轻人探索职业发展道路或与他人建立重要关系时，她可能会问：我是谁？另一方面，作家 Mary Catherine Bateson 认为，随着年龄增长而面临自身体验改变、职业轨迹变化或其他变化时，年长的人会问，我还是那个花费一生时间想要成为的人吗？我们想知道，随着时间推移，如何在慢慢变老时还能保持自我，或者是在变老的同时，如何成为更真实的自己？

纵观所有这些发展,可以称为衰老或成长,有一个"我"在微妙地继续、变化和成长,但仍然是我。50岁时的Mindy仍然像是幼儿园照片里的那个小女孩(仍然是房间里最矮的那个,高高的颧骨,傻傻的笑容),但她看起来也大有不同(脸上出现更多皱纹,头上多了几缕白发,对世界不再那么恐惧),毕竟生活根本不像她当初想象的那样。85岁时的Jimmie仍然是Jimmie。她仍旧感觉自己像是个乡下女孩,不知道怎么就从内华达州、得克萨斯州来到了大城市,这已经是一次巨大的冒险了,她不会再改变抑或再重来一次。即便她的脸上有了更多的皱纹,但也没有完全失去原来的样子,朋友曾经叫她Linda Darnell(19世纪40年代著名的电影明星),尤其是当她微笑时。一位老人曾经说过,"我还是我,只是更加依然故我!"

所以,这个我是什么?它的核心是什么,过去我们常常称其为性格。性格随着时间的推移稳定且持续地发展。例如,纳尔逊·曼德拉(Nelson Mandela)在年轻时是非洲国大武装力量的领导者。但是,在晚年,他尽全力实现对立两派之间的和解,促进和维护双方的和平。在这两个时点之间,他没有变成其他人。更确切地说,随着生活环境的变化和他逐渐学到一些理论方法,他对自我的认知也在改变,并用自己的力量改变当下的环境和局势。

由于精神病学和行为科学仅仅局限于人格的病理

方面,因此性格这个术语就被弃用了。心理学家 James Hillman 就曾哀叹:"'性格'死于 20 世纪……变得与哲学和科学无关了"。但是,他希望用其抒情诗中的描述来修正:

> 年龄不仅仅表现在器官的功能上,也是一个人的整体本质,你即将成为特定的那个人和数年前已经成为的那个人。以它的成就与瑕疵,性格已经塑造了你的相貌、你的习惯、你的友谊、你的各种特点和你的抱负。性格影响你付出和收获的方式,它影响你的爱和你的孩子。它在夜晚随你回家,让你彻夜难眠。

人类学家 Sharon Kaufman 把这种自我归属感描述为"永恒的自我"。她把它看作我们随着时间的推移,把生活归拢在一起形成的故事,以某种主题或形式表现,给我们目前的生活一种与过去相连的持续感和一致感。

Lillian 和 Linda:什么会保持不变

90 岁的 Lillian Deutsch 是一名有着强烈政治观点的高智商女性,她感到自己和年轻时相比既有相同也有不同。她的"左倾"观点随着时间推移并没有变化或减弱,她总的生活哲学也没有变化。智力和教育对她来说总是最重要的,她对自己、对他人都保持着高标准的要求,并对此引以

为傲。然而,有所改变的是环境。不幸的是,她身边许多有相同政治观点的朋友已经去世,所以 Lillian 发现,她要在与他人交流自己的观点或者保持沉默两者之间作出选择。她发现可以与拥有相同思想的人交谈的机会越来越少,这使她感到孤独。但是她坚持自己的观点,坚持从事目前的事情,她对此感到自豪。

作家 Linda Moore,60 多岁时仍然是持之以恒、认真负责的女性,她像年轻时一样喜欢具有创造性的工作,喜爱发挥想象力。对她来说,变化的是现在更容易接受她不能实现所有的目标。随着这些改变,她体验到了以前很多年没有感受到的平静感,即使她依然在为许多相同的事情奋斗。

Bateson 认为要把变老作为一种即兴艺术,而做到这一点需要想象力和求知欲。用开放的思想去处理重复的变化是很重要的。但是,必须同时深刻地理解:对一个人来说什么是最根本的。Hillman 把这个过程比作在一条极其漂亮的道路上橡子和橡树之间的关系。

出生时,人很少表现出个性特征,就像一个微小的橡子,然后它开始成长。你开始听到评论说一个孩子有特定的性格:"这不就是像 Donny 那样慷慨嘛",或者"Jane 一直体贴她的妹妹"。伴随着成长,橡树的树干长得更大更结实,开始长出分支。同样,性格的发展像树木的分支,每个

有所创新的任务,都需要借助现有的性格优势,而且需要拓展现有的性格优势:撇开父母影响,独立看待自己的勇气;保持工作和行为符合伦理道德的自我控制;与他人建立成熟、亲密关系所必需的仁爱精神;成为明智的父母的艰辛努力。

数年后橡树变得更大更强壮,当年老时有更多分支发芽,来满足更多的挑战,包括达到成熟、教育年轻的一代、照顾年老的父母、适应同龄人和家人的去世、忍受衰老带来的生理变化等。自始至终,人依然是相同的人,就像长大的树还是相同的树。新的"分支"——发展的性格优势,宣布"我依然是我",不计较所有失去和变化。在长久生命的末期,长成一棵有力量的橡树,忍受着在长久生命历程中遇到的各种创伤。Hillman 注意到发展性格需要大量的生活体验,性格只在老年人中才会得到全面的展现:"我们通常的表现类型和我们的形象,展示出我们工作时的性格。性格指引着我们经历岁月风霜,历经岁月变老的过程,同时也在揭示性格"。

在身份认同平衡理论里,心理学家 Joel Sneed 和 Susan Whitbourne 认为有两种过程能帮助我们保持"我们是谁"的平衡感,即使当我们随着时间的推移成长和相貌改变时也是这样。例如,对于每个人来说都在改变的一件事,是我们对完成不同任务的胜任力。我们在完成某些任务时可能会

随着时间推移而变得更加得心应手。例如,我们的语言应用能力在中年时会变得更好,但与 10 年前相比,速度会开始下降。当我们体验到胜任力被挑战时——比如说,曾经轻而易举能赢得的比赛失败了——就可能会用身份同化来应对。也就是说,寻求与目前自我形象一致的信息,缩小变化的重要性。可能比赛结果不尽如人意,只是因为比赛前没有足够的睡眠,或者没能很好地适应新跑鞋。可要是如果一直失败,或者开始变得累的喘不过气来,抑或者面临一些无法逾越的障碍,如造成严重疾病,那就可能会开始质疑"我是谁"和"我能做什么"。这就是身份认同调节,它可能是积极的,也可能是消极的。一方面,可能会让我们认为自己在某些活动中已经能力不足;另一方面,可能让我们认为自己更能胜任其他事情,总体上我们会将这些变化体验称为"个人成长",而不是丧失了什么。

身份认同平衡的观念来自这样一个事实——并不是每个新的体验都会改变我们对自己的基本假设。我仍然是我,只是上楼梯更容易气喘吁吁。甚至对有些人来说,即使出现了巨大的变化,仍然会有一个核心身份认同隐藏在这些变化之下。

也许,职业运动员对于身体变化导致的身份认同改变更为敏感。但是即使在这类情况下,也会有一些"升级"的方法可以帮助我们重新达到身份认同的平衡,而且比预想

的容易。例如,退役的运动员可以坚持运动,而不是把运动作为谋生的手段,可以转岗到运动领域内管理、行政或者成为评论员,也可在熟悉的运动领域经商。

Bob Feller

Bob Feller 是克利夫兰印第安人队的传奇投球手,据说他能投出每小时 166.4 千米的快速球,是几十年来大联盟中最著名的投手之一。1956 年退休之后,他成功创建了一家保险公司,取得了飞行员执照,并且每年返回克利夫兰印第安人队,训练队里的投手。虽然其身份随着时间有些变化,但他的核心特征仍保持不变。因此尽管有上述变化,他仍然感到自己是一个连贯的整体。

为了理解性格的概念,我们也必须理解性格优势的概念。正如古希腊人认为的,这是一种美德,是靠人的本质中更好或更适应的部分去担当的。我们依靠性格优势来面对我们本质中最坏的部分,面对我们的恶习、过分的行为和自私。哲学家 Sissela Bok 认为性格优势起到了重要的进化功能,它们是控制我们行为的内部机制,以使人类文化繁荣和发展。没有它,社会将容易出现自我破坏的行为,Bok 认为,"某些道德价值观触及了一个核心问题——何以为人……如果我们不想丧失人性的话,就需要一直如此"。

当我们度过(或者摸爬滚打地闯过)危机时,我们的性格优势常常会得到发展,但是也可以简单地随着时间和各种经历得到发展。有时我们为我们的性格自豪,有时我们对自己失望,自豪和失望能教会我们如何面对未来的挑战。我们在这个世界上盘桓得越久,见识得越多,我们就有更多的机会让事情"正确",并不需要来自外部的措施或影响,而是通过我们自己的道德或心理界限来处理。

我们要讨论的美德是性格的一部分,性格是通过我们生命中的成功和失败培养的,美德则是能代表我们自己最好的一面。随着时间的推移,我们意识到,在人生道路上我们已经学到生活中的点点滴滴,并值得拿来与年轻人分享。与此同时,这个"我"甚至可能足够强健,使我们能够承认,我们也可以从那些比我们年轻和年长的人身上学会更多东西。也许更重要的是,这种"我"的存在感,可能一直会在那里,只要我们还盘桓在这个世界上(甚至以后,在我们逝去后留下的记忆里),就好比橡树在其位置上的存在方式,一直在那里,而且变得更强壮和更结实,越老越枝繁叶茂、意趣盎然。

性格优势的核心是一个令人着迷的现象,在研究"生命周期各阶段过得好不好"的文献中,持续探索了这一现象,称之为生命的 U 型曲线。

U 型曲线

正如我们在前言中提到的,研究已经表明在 18~85 岁的研究对象中,评价自己"过得最好"的是 82~85 岁年龄组。如果你为此感到惊讶,那一点也不奇怪,一直在进行研究、反复确认这一点的社会科学家们也是如此,甚至不同国家结果也是一致的。尽管大家都认为变老是件令人恐惧的事情,但实际情况是,在较高年龄组(50 岁以上)"过得好"这一主观感受的确是随年龄增长上升的,而不是下降。研究者 Arthur Stone 和他的同事于 2010 年分析了 2008 年美国盖洛普民意测验,该测验询问超过 34 万人他们对"活得好不好"的总体感觉,用 0~10 分度量来评价,0 分代表"对你来说最糟糕的人生",10 分代表"对你来说最好的人生"。

Stone 等发现在 18 岁时,"过得好"和人生享受得分是相当高的,这一点并不很奇怪。令研究者惊讶的是,"过得好"的评分在接下来的年龄组里很快开始下降,在 50 岁出头时降到底端,且这一现象在不同研究中得出了相同的结果;另一件让人惊讶的是"过得好"的感觉开始上升,持续上升到一个很高的年龄组,即 82~85 岁年龄组,此阶段的评分甚至高于 18 岁。这种 U 型曲线已经不断被发现,到目前为

11

止,最年老的研究对象是 88 岁,而这种趋势是持续的。一些研究提示这种曲线甚至对那些自我认知和生理功能下降的老年人仍然适用。为了进一步解释这样的结果,研究者至今仍对该现象进行深入研究。

2008 年,Blanchflower 和 Oswald 看到来自全世界的 U 型曲线数据。研究中受试者被问到以下问题:"总体来说,你如何评价当下生活中发生的事情——是开心的,相当开心或者不太开心吗?"或者"整体上是非常满意的、相当满意的、不太满意或者完全不满意你的人生?"他们在美洲、欧洲、亚洲国家发现相同的 U 型曲线,数据涉及 50 万人,来自 72 个发达和不发达国家。Blanchflower 和 Oswald 看到一种可能性,即人们出生的实际年代可能能够解释这些结果,而不是他们的年龄,即所谓的同辈效应。然而他们发现,这些数据(展示的 U 形现象)恰恰是由于年龄。

此外,2010 年 Stone 和同事询问受试者一些特殊的感受,如享受、开心和压力。这些感受中,大多数与年龄有相似的关系,正性的情绪在成年早期很高,在中年时下降,在老年时上升,负性情绪正好相反。一个有趣的例外是压力,实际上当受试者在 20 岁出头时压力是增加的,然后下降,在中年和老年都是一直下降。

当然,重要的是并不是每个人都符合研究者发现的情况。这些数据代表了总体人群的情况,但并不代表个体。

不难想到存在的某些个例并不符合这个令人振奋的曲线。我们将在本书第 12 章讨论一些有关人生中可能会随着时间推移而变得更沉重的问题。但一般而言,研究似乎证实,对于许多人来说人生是变得更轻松了。

所以,生活将如何继续,更重要的,我们所有人都会从中学到什么,这不仅是个理论问题。根据 2009 年耶鲁大学 Becca Levy 及其同事的研究结果,年轻时对变老有负性刻板印象的人与对变老有更积极观念的人相比,当他们年老时更可能患有严重的慢性疾病。一个可能的解释是,这是一个自我实现的预言,对老年有更积极期望的人更可能形成更为健康的习惯,我们会在第 9 章进行探讨。这些研究数据显示为什么帮助更年轻的人不要害怕变老是重要的——他们对变老的看法越好,他们现在就会愈加投入去建立让他们的老年能更为舒适惬意的习惯。

我们不得不问自己,当我们中大多数人假定自己以后会感觉更糟糕时,在我们的人生历程中,什么因素能让我们随着时间推移感觉更好?无论我们在哪个年龄阶段,关于这个问题的答案,对我们当下的生活又意味着什么?在我们能理解各种性格优势对人生的作用前,让我们首先考虑,如何通过我们的现实生活体验普遍意义上的人生。

参考文献

◆ Bateson, M. C. (2010). *Composing a Further Life : The Age of Active Wisdom*. New York : Alfred A. Knopf.

◆ Blanchflower, D. G. ,& Oswald, A. J. (2008). Is well-being U-shaped over the life cycle? *Soc Sci Med*, *66* (8), 1733-1749. doi : 10. 1016/j. socscimed. 2008. 01. 030

◆ Bok, S. (1995). *Common Values*. Columbia, Mo. : University of Missouri Press.

◆ *Economist*. (2010). The U-bend of life : Why, beyond middle age, people get happier as they get older. *The Economist*, 33-36.

◆ Hillman, J. (2000). *The Force of Character and the Lasting Life*. New York : Ballantine Books.

◆ Kaufman, S. R. (1986). *The Ageless Self : Sources and Meaning in Late Life*. Madison, Wis. : University of Wiconsin Press.

◆ Levy, B. R. , Zonderman, A. B. , Slade, M. D. ,& Ferrucci, L. (2009). Age stereotypes held earlier in life predict cardiovascular events in later life. *Psychol Sci*, *20* (3), 296-298. doi : 10. 1111/j. 1467-9280. 2009. 02298. x

◆ Orr, M. (2010, December 15, 2010). Last Word : Bob Feller. *The New York Times*. Retrieved from http : //www. nytimes. com/video/ obituaries/1247464008751/last-word-bob-feller. html

◆ Peterson, C. ,& Seligman, M. (2004). *Character Strengths and Virtues : Handbook and Classification* : New York/Washington, D. C. : American

Psychological Association/Oxford University Press.

◆ Sneed, J. R., & Whitbourne, S. K. (2005). Models of the aging self. *J Soc Issues*, *61* (2), 375-388.

◆ Stone, A. A., Schwartz, J. E., Broderick, J. E., & Deaton, A. (2010). A snapshot of the age distribution of psychological well-being in the United States. *Proc Natl Acad Sci U S A 107* (22), 9985-9990. doi: 10. 1073/pnas. 1003744107

第 2 章

成年后的岁月
——成年早期、中期和末期

年轻人是"生活在可能性中"的,感觉就像自己行动的发动机。如果他们想在外面跳舞一直跳到午夜,没有人告诉他们不要这样做,没有孩子要求他们必须回家。他们的父母年事已高,不能让他们每天去依靠,但他们还足够年轻,仍然有许多事情可让他们探索,他们可以尝试许多不同的领域,且不需要考虑衰老或死亡。就像 Kate,一位 75 岁已经退休的精神科医生,在和同行一起回顾她生命中的那段时光时,她笑了:"那时我太忙了,无暇思考岁数大了会怎么样!"

Jimmie22 岁的孙女,Madeline,就是这个年龄段的人,因此她很清楚自己还能做些什么。"我们不考虑变老",她说,"但我们意识到我们的年轻,并沉浸在其中。"当然,在这样一种以年轻人为中心的文化中,很难不去享受乐趣,因为电影、电视节目和广告都是针对 Madeline 和她的同龄人的。例如,"纽约客"每年出版一期针对"30 岁及 30 岁以下人群"

的刊物,特别突出一些年轻作家。最后一次出版关于"40岁及 40 岁以上"或"50 岁和 50 岁以上"人群的刊物已经无从追溯。

Madeline 和她的朋友活在当下,探索着不同的兴趣爱好。但是,正如她所说的,不是所有的都是好玩的事和游戏。年轻也带来了一个自相矛盾的挑战——虽然他们可能没有意识到生命的有限性,但是他们肯定意识到了青春的有限性。他们感受到了一种紧迫感,要在面临成年期的全部责任之前利用好年轻的优势。年轻人害怕有一天回顾过去,后悔自己还有很多事情没有做。

这种紧张不安与 U 型曲线研究中一个有趣发现是一致的——压力在一开始是最高的,也就是 20 岁出头的时候,之后就逐渐下降。Madeline 告诉我们一个流行于青少年中的首字母缩写——YOLO(You Only Live Once)——你只能活一次。这是他们的座右铭,有时被当做借口用在青少年和年轻人的鲁莽冒险行为中。换句话说,未来是一件令人恐惧的事情,在生命剥夺你享受它的机会之前(他们甚至还没看到过 U 型曲线的下降),你最好活在当下。现年 60 岁的 Deborah 对那个年龄段的想法记忆犹新,"我以为变老以后再也不会笑了"。当然,她现在对这个想法付之一笑,但她当时是非常认真地对待这件事。

这是一种焦虑,听起来像是生命中一段奇妙的自由时

17

光,有能力探索"你是谁"和"你想要什么",这也意味着你还没有享受到拥有身份的稳定性或你想要在生活中选择某种道路的感觉。对"当下"的享受也包括对未来的担忧,这意味着变老即变得不那么活跃,无法控制你在生活中要做的事情。具有讽刺意味的是,对 U 型曲线了解更多,以及了解这种长期未来的可能性,实际上对减轻成年早期的压力是有一定积极作用的。它帮助年轻人享受现在的生活,而不用担心他们无法享受以后的生活。

随着 Madeline 及其朋友们的成长(他们从未变老,他们只是成长),通过回顾自己所做的选择,以及生活中各种情况下的反应,他们开始了解"我是谁"。他们将开始承担起必须的责任——谋生,找到一个生活伴侣,抚养孩子。成年后的下一阶段不只是考虑当前的问题,将会更明确地思考未来的目标,无论是以职业为目标,还是抚养孩子并帮助孩子们实现目标。同时,孩子会提醒他们想到自己的过去,在与孩子同样的年龄,他们曾经常常做什么和想什么。

我们三四十岁期间,生活变得更复杂了,年轻时所做的决定,现在变得更加实际和具体,不太容易改变了。

在这一点上,我们开始认真对待已经达成的目标,以及那些可能无法达成的目标。

上有老,下有小

当 Madeline 到中年时,她会遇到 Mindy 当前的情况。在刚到 50 岁的时候,Mindy 很不幸处于 U 型曲线的底部。但是,有下降就会有上升,就"过得好不好"而言,根据数据显示,她的感觉再无可降,只能往上走。让我们从心理学的角度来看看为什么会发生这种情况。

如果生活就像《布雷德家族》(Mindy 这代人都知道的一档电视节目)中的人物一样,我们这些中年人就是 Jan,那个中间年龄的孩子,既不如最年长的 Marcia 有趣,也不如最小的 Cindy 那么可爱。许多年来,研究人员甚至都认为中年不会发生什么有趣的事情,而且数据很少。幸运的是,这种情况发生了变化,这是多亏了美国麦克阿瑟中年基金会(MacArthur Midlife in the United State,MIDUS)在 20 世纪 90 年代中期的资助。该项基金的设立是为了研究在美国的中年人都经历了什么。

在 MIDUS 资助前,1950 年发展心理学家 Erik Erikson 第一次提出了人们在儿童时期后会有许多发展。他的理论认为,中年时期是我们生活中任务逐渐增多的时期,孩子的抚养(还是被我们保护的人)、想法或成果,都需要我们去创造和培养。无论是主动地指导,还是被动地影响;在养育自己

下一代的同时,我们也影响着同事和邻居的下一代。我们不仅培养人和思想,也培养制度。精神病学家 George Vaillant 将我们称为社会的"意义守护者",这个角色将持续到老年。

Nancy Miller,63 岁的退休工程师

Nancy 感觉 60 岁以上的人可损失的东西更少。"奋斗已经结束了,现在你可以冒险了。这是一个可以有所成就的时候。你必须设法与人建立联系。"Nancy 一直在积极地尝试这样做,并有兴趣与博物馆和图书馆合作,组织任何年龄段的人都可能感兴趣的哲学和科学专题学术会议。

在这些非常重要的多重角色中,做到游刃有余是非常具有挑战性的。在"老年人的美德和恶习"中,伦理学家 William May 描述了像 Mindy 这样的中年人的困境,他们认为自己是堡垒,在不同战线上,被年迈的父母和任性的青少年围攻,他的确说中了要害。

Mindy,49 岁那一年

我应该在一个关于岁月的小组里讨论一下"上有老下有小"的经验。但即将发言时,我无法做到,因为我的母亲刚刚患上"慢阻肺"(慢性阻塞性肺疾病),在布鲁克林一家医院的重症监护病房里上着呼吸机;同时我 15 岁的儿子

Max 需要在曼哈顿城区的一家医院接受治疗。在发言前的那一刻我还在考虑，Max 刚做完内镜检查正在恢复中，我和我丈夫能在他床边待多久，因为马上还要开车赶去布鲁克林看望我的妈妈，还不知道她能不能摆脱呼吸机。

我告诉主持人，我们也只能苦笑一下。主持人所能做的就是告诉大家为什么我做不到，他所做的解释代替了我整个演讲。就像一位中年职业军人告诉我的那样，当压力特别大的时候，"上有老下有小"很容易就成了"老老小小都揪心"（我的母亲终于摆脱了呼吸器，但我每天要往返于曼哈顿和布鲁克林之间，这种忙碌将持续几个月）。

在过去和未来之间，中年人对时间有一种有趣的体验。如果我们有孩子，当我们看着他们成长的时候，我们会特别意识到时间的流逝。如果我们有年迈的父母，我们尤其会意识到时光的流逝，并对衰老的担忧开始浮出水面。通常，这些担忧都伴随着一种恐惧感，通过 U 型曲线发现，我们"过得好"的感觉在 50 岁出头时是最低的（也许我们知道，随着年龄的增长，它往往会上升，这会给这种恐惧增添强烈的乐观情绪）。

此外，中年时期我们对自己和其他人的死亡有了更多的了解。有些朋友（或我们自己）可能会生病；我们打篮球或打网球时，速度不像以前那样快了；身体的疼痛开始发

作;脂肪开始堆积;年迈的父母可能会开始需要我们的帮助……就像 Mindy89 岁的父亲在母亲戴呼吸器时所做的那样。我们通常在父母都活着的情况下进入中年,当我们离开这个阶段的时候,也许我们至少失去了父母中的一个。我们中的一些人开始怀疑生命"就是这样",难怪我们处于 U 型曲线的底部。

但是这还不是全部,一点都不是。记住,中年也是曲线开始回升的时候。MIDUS 的研究也许会解释为什么。中年是一个充满多重挑战的时期,这也是一个培养对这些挑战的掌控感的时期,也是一个让性格闪光点不断涌现或成长的机会。当心理学家 David Almeida 和 Melanie Horn 询问所有年龄段的人的压力水平时,他们发现 59 岁以下的人压力最大。他们也发现,那些年龄在 40~59 岁之间的人对压力的控制程度最好。正如一位 58 岁的女性告诉我们的那样:"我仍然很有压力,但我可以处理得更好。"当我们在学习那些不受自己控制的东西的时候,我们正在从错误中吸取教训,同时也提供指导。例如,当我们不和青少年子女在一起的时候,就无法强制他们做到不超速驾驶。

老　年

尽管许多年轻人把老年看得很遥远,但用作者 May

Sarton 的话来说,青年和老年往往是彼此的镜像。正如 Madeline 有很长的时间去憧憬未来,而她的祖母 Jimmie 有很长的时间在回顾过去。与中年期相比,两人没有太多负担——没有孩子需要照顾,也没有(或者不再有)父母需要照顾。年轻的人想知道接下来会发生什么,而年长的人则确切地知道这一路发生了什么,只有一个例外。

就像年轻人可能在想他们在接下来的生活中会做些什么一样,老年人也在想他们的健康状况,以及他们能独立生活多久,这对他们来说是非常宝贵的。在这方面,许多信息对老年人是积极的,因为我们比过去任何时候都活得更长、更健康。

Erik Erikson 指出,我们晚年的主要任务是与自身的生活和平相处。斯坦福长寿中心的创始人 Laura Carstensen 对此表示赞同。她提出的社会情感选择理论表明,随着年龄的增长,我们所剩的时间越来越少,我们学会活在当下,专注于大局,更好地优先考虑和欣赏我们的生活以及与他人的关系。因此,我们聚集和发展自身的性格优势——橡树上生长出新的和更大的分支。多年来,通过消除负面情绪,欣赏生活中正面的东西,学会享受好的部分,并充分利用坏的部分。正如 William May 所提出的,许多老年人已经学会了轻装上阵。

Kate，75 岁的退休精神科医生和 Les Paul

Kate 认为，"总的来说，生活感觉更简单明确，你只是过着这样的生活，你知道前面的路很短，而且你有一些以前没有过的限制因素，所以现在没有那么多的路了，你知道有什么路，你只是要走下去。如果你不浪费大量的时间去为此感到痛苦，你只需要去走并享受它，或者至少去享受其中可以享受的东西。"

著名的音乐家兼吉他制造者 Les Pau 在 93 岁的时候还在爵士俱乐部演奏，当时他告诉《纽约时报》的 Matthew Orr："当你到了我这个年纪，你知道末日就在眼前，你会怎么处理？你要活在当下！过去的已经过去，未来的还没有到来，不管你怎么想，你都不会改变它。"或者，就像 91 岁的 Helen，曾经告诉"老与病"小组的人们："我已经立了遗嘱，我将要死去了，但在我死之前，我很想看看我上周订购的新沙发套。"顺便说一句，其实现在 Helen 拿到她的沙发套已经有几年了，依旧健在。

这种更简单的生活，可能源于老年人知道关于如何生活的智慧在不断增长。对智慧的研究表明，年长者往往对世界有更多的认识、欣赏和见解，他们更清楚应该追求什么样的生活和情感目标；他们更善于管理人际关系，这才是有

意义的。正如小说家 Margaret Atwood 曾经说过的:"好的判断来自经验,但是经验来自坏的判断。"年长者有过更长的时间犯过错误,也有过更多的机会从错误中学习。

奥地利精神病学家 Viktor Frankl 在他的书《活出生命的意义》(*Man's Search for Meaning*)中这样写道:

悲观主义者如同一个人怀着恐惧和悲伤的心情观察日历,他每天从日历上撕下一张,日历一天比一天薄。积极应对生活问题的人,则先在日历上草草记下几条笔记,然后把日历上的每一页撕掉,再把每一页都整齐、仔细地与前面的一起归档。

他可以自豪和高兴地把他所有丰富的生活经历反映在这些笔记中,他生活得很充实。如果他注意到自己正在变老,那对他来说又有什么关系呢? 他有什么理由羡慕他所见到的年轻人,或者怀念他自己逝去的青春? 他有什么理由嫉妒一个年轻人? 难道因为一个年轻人所拥有的各种可能,在未来等着他吗?

"不,谢谢",他会想。"在我的过去里,我不是有可能,而是有现实,不仅有工作和爱的现实,还有勇敢地承受痛苦的现实。"

因此,Erikson 认为,一个年长的人可能会继续成长,继续影响和引导年轻一代(如果他们允许的话),并成为"意义

的守护者";Vaillant 则认为,继续轻装前行并自由地说出自己的想法,可以作为沟通过往的桥梁。U 型曲线可能开始有意义了。

我们将在以后的章节中更多地讨论年龄偏见,但要记住这不是一个只为老年人而设的话题,这一点很重要。从青年到中老年,我们经历了一连串的恐惧,这些恐惧影响了我们对老年人的看法,也影响了我们对变老(岁月)的看法。这些恐惧在任何年龄都会影响我们。随着年龄的增长,我们很容易注意到所有的问题,以至于我们可能会忽略那些可以鼓舞人心,甚至是美丽的方面。这样我们所有年龄的人都可以更多地享受现在的时刻。在下一章中,让我们更详细地看看性格优势和美德,以帮助我们阻止这种恐惧的多米诺骨牌效应,这样我们所有年龄的人都可以更好地享受当下。

参考文献

◆ Almeida, D., and Horn, M. (2004). Is daily life more stressful during middle adulthood? In O. G. Brim, C. D. Ryff, and R. C. Kessler (eds.), *How Healthy Are We?: A National Study of Well-Being at Midlife* (pp. 425-451). Chicago: University of Chicago Press.

◆ Atwood, M. (2009, September/October 2009). The pressure to be wise. *AARP Magazine*, 28-29.

◆ Carstensen, L. L. (2006). The influence of a sense of time on human

development. *Science*, *312*(5782), 1913-1915.

◆ Carstensen, L. L., Pasupathi, M., Mayr, U., and Nesselroade, J. R. (2000). Emotional experience in everyday life across the adult life span. *J Pers Soc Psychol*, *79*(4), 644-655.

◆ Erikson, E. H. (1950). *Childhood and Society*. New York: Norton.

◆ Erikson, E. H. (1959). *Identity and the Life Cycle*. New York: Norton.

◆ Frankl, V. E. (1963). *Man's Search for Meaning: An Introduction to Logotherapy*. Boston: Beacon Press.

◆ Luong, G., Charles, S. T., and Fingerman, K. L. (2011). Better with age: Social relationships across adulthood. *J Soc Pers Relat*, *28*(1), 9-23.

◆ May, W. (1986). The virtues and vices of the elderly. In T. R. Cole and S. A. Gadow (eds.), *What Does It Mean to Grow Old: Reflections from the Humanities*. Durham, NC: Duke University Press.

◆ Orr, M. (2009, August 13, 2009). Last word: Les Paul. *The New York Times*. Retrieved from http://www. nytimes. com/video/obituaries/1247463983106/last-word-les-paul. html

◆ Park, D. C., Lautenschlager, G., Hedden, T., Davidson, N. S., Smith, A. D., and Smith, P. K. (2002). Models of visuospatial and verbal memory across the adult life span. *Psychol Aging*, *17*(2), 299-320.

◆ Peterson, C., and Seligman, M. E. P. (2004). *Character Strengths and Virtues: A Handbook and Classification*. New York: Oxford University Press.

◆ Sarton, M. (1973). *As We Are Now*. New York: W. W. Norton.

◆ Stengel, R. (2009). *Mandela's Way*. New York: Crown Archetype.

◆ Vaillant, G. E. (1993). *The Wisdom of the Ego*. Cambridge, Mass. : Harvard University Press.

第 3 章

性格优势和各种美德

孔子认为恰当的性格发展需要时间。同样，William May 认为我们都是自己生活的"作者和联合作者"，我们的故事随着时间展开，故事的内容是我们的经历和我们在这个世界与他人互动中所扮演的角色。

当我们说性格的时候，指的是一种态度，是人与生俱来或者后天培养而成的，或者可能是学着去培养的。随着时间的推移，性格已经成为他们学会的应对应激情况的最好方式。性格优势是性格非常有用的一些方面，在这些方面下苦功的话，或者说，性格的这些方面会帮助我们感觉生活过得有意义。

人类学家 Sharon Kaufman 提议发展一种永恒的自我或者核心身份，尽管在我们漫长的一生当中有许多事件会发生改变。她指出，随着生命的延展我们会创造自己生活的故事，而这故事与我们如何看待自己这两者间相互协调，使我们想起性格优势构建了我们的生活，尽管会出现错误，但有时，我们正是从这些错误中得以学习。我们的性格（或者

叫永恒自我）以及我们的性格优势整合了过去和现在，提供了一种延伸性和慰藉感。

非凡环境中的非凡人物

纳尔逊·曼德拉（Nelson Mandela）的事迹就是体现这种延伸性的一个很好的例子。他在南非的监狱里生活了27年，然而从一首诗中得到慰藉，这期间他一直把这首诗放在他的口袋里。被监禁前，他一直从事针对南非种族隔离制度的革命斗争。当监禁结束、隔离制度也结束的时候，他是一位为保持南非统一而斗争的领导人。随着时间的推移，曼德拉这位战斗英雄逐渐成为了人们心中和平的缔造者。

曼德拉在监禁生活中为自己的转变做着准备，通过做一些斗争以外的其他事情来让自己变得坚韧并保持自我，他每天都会重复读这首诗。这首诗激励着曼德拉，即使在恶劣环境下仍然保持着自己的尊严，并且一直在为自己所期待的国家而战斗。但是他挑选这首诗并不是一个偶然，而是因为这首诗与他性格的某些方面是很匹配的——他的永恒自我，这些性格内涵给了他力量，他希望在将来能够更加深入地培养。

这首诗叫《永不屈服》（Invictus），是 William Ernest Henley 在1875年创作的，当时他因患结核性关节炎失去了一条腿。

永不屈服

透过覆盖我的夜色，

我看见黑暗无边无际，

感谢上帝给予我，

不可征服的灵魂。

无论环境多么恶劣，

我不会畏缩也不会大声哭泣，

任凭命运百般作弄，

即使头破血流也绝不低头。

在这个满是愤怒和泪水的地方，

恐怖的阴影逐渐逼近，

伴随岁月的威胁，

可是我毫不畏惧。

不管前路有多狭窄，

不管将面临多重的责罚，

我仍然是我命运的主宰，

我仍然是我灵魂的统帅。

从这首诗里我们可以看到一位老政治家将来的样子，他相信自制力和自控力，相信会成为自己命运的主宰和灵魂的统帅。这首诗里吸引曼德拉的是其展现的这种性格。但是，随着时间的推移，在经历了严峻环境的考验后，曼德拉真正性格和性格优势才得以在个人生活以及公众视野中完整地形成并表现出来。

曼德拉在他 70 岁的时候迎来了和平时代，这并非偶然，当他走进一个橄榄球场，成千上万的南非人，有黑人也有白人，欢呼尖叫着"纳尔逊！纳尔逊！"我们的性格不会一夜之间形成，成熟需要时间，其他人也需要时间来了解我们是谁并做出回应。

日常生活中的性格优势

这种性格的发展不仅仅发生在非凡的人身上，也发生在我们这些普通人身上。我们都必须面对生活随机出现的无情时刻——疾病、背叛、信仰危机，我们的性格都会随着时间推移而变得成熟。随着时间的流转，持续和发展的相互作用，对于我们对自己的整体感觉，对于引领我们过有意义的生活，都是至关重要的。例如，我们第 2 章中提到的 90 多岁的 Helen 曾经告诉我们："我 70 岁就从自己的壳里出来了！"她没有变成以前从未见过的另一个人，而是把自己作

为一个持续发展的人,即使在别人认为她是老年人的时候,她也能成长和发展。现在她已经 90 多岁,是否仍会觉得 70 岁算老,她现在都不确定。

当看到一个像纳尔逊·曼德拉这样非凡之人的成就时,很容易认为性格优势这个术语指的是某种超人品质,帮助一些特殊的人在非凡的环境中茁壮成长。事实上,这个术语与普通人的普通生活同样有关,与从我们长期的经验中学习有关,与我们个人的发展、社群的发展乃至人类作为一个物种的发展同样有关。

几个世纪以来,许多作家、哲学家和宗教领袖都探索过最好的生活方式,他们提出了过上最美好生活的准则,这些准则通常被称为美德。即使随便一瞥,也会发现不同概念之间存在很大的重叠。例如,希腊人谈到节制、谨慎、勇气和正义这四种美德。本杰明·富兰克林(Benjamin Franklin)描写了 13 种美德,包括节制、公正、真诚和安宁等等。佛教传统的自我和谐以及与周围和谐具有相似的品质。几年后,曼德拉在他人生教训中纳入了类似的准则:经过斟酌(节制)、看到他人的优点以及有一个核心原则。

在过去的 20 年里,心理学一直在研究人类的积极特征,以及如何利用它们来提高自己的生活状态。让我们特别感兴趣的是,一组心理学家付出了很多努力来研究世界传统

宗教和哲学,从某种意义上说,他们把他们所有这类资源与我们的资源融为一体。

在过去 3 年中,这个小组列出了主要从哲学和宗教中收集的核心美德列表。他们研究了所有群体都表现出来的共同的性格优势和美德。换句话说,他们想知道跨越时间和文化有什么性格优势和美德会流传下来。Christopher Peterson 和 Martin Seligman 在 2004 年发表了这个清单。研究小组发现,无论在世俗的著作中还是宗教经文中,无论是东方文化还是西方文化,无论是古代还是现代的民族,这些积极的品质都存在很多相似之处。

这个研究小组发现了 24 种性格优势或美德,他们把这些在不同文化和时期都出现的品德分为六类:智慧、勇气、人性、正义、节制和超越。他们认为,这些特征被选择并被保留下来是为了满足人类特定的生存需要——如果没有某种生物学机制,使得我们的祖先能够产生、辨别并发扬这些不断优化的美德,那么他们的社群将会很快灭亡。我们相信,正是由于这些普遍存在的美德,帮助了具备动物性的人类与自身最黑暗的力量进行斗争,并取得胜利。

有时候,生存只是简单的运气问题。但是,其他时候,培养这些品质能够最好的帮助我们生存。

年龄、美德和控制问题

更详细地研究这些美德，就会清楚地看到它们常常与老年人联系在一起。William May 认为，"美德的成长只有通过决心、奋斗，或许还有祈祷、毅力，所有这些都要靠长期磨砺。"Eve Pell 在她 70 岁的时候坠入爱河，她在一篇优美的散文里描述道：

老年人的爱是不同的。在我们七老八十的时候，我们已经经历了足够多生活的起起落落，我们知道自己是谁，我们也学会了妥协。我们也知道了一些关于死亡的事情，因为我们看见了所爱之人的死亡——终点线正在逼近。为什么不再最后心花怒放一次？

我已经不再那么可爱，但是我也不是神经兮兮的。我经历过失去、犯错和做出过错误的决定。如果这段关系破裂，我仍然会生存下去。

年老时，我们对成功的反应减弱，也不再那么投入。我们很清楚地知道事情不会总是以我们的意志为转移，我们能控制的是有限的。因为这个来之不易的知识，Eve Pell 可以说，如果这段关系破裂了，她仍然会生存下去。但是她不

会让将来可能发生的事情阻止她去享受面前的这段关系。她无法控制这段关系中会发生什么,甚至不知道将会发生什么,但是同时她能够去享受这段关系。

通常,性格优势归结于控制问题——明智地使用它以及认识到什么时候我们并不具备它。曼德拉回顾他将近 30 年的监禁生活,当时他学到了他认为最重要的性格优势——自我控制。"有一件事,你可以控制,你不得不去控制,那就是你自己,没有爆发的空间,没有自我放纵或者无视纪律的余地"。但即使没有这种可怕的情况(监禁),控制问题也会出现。

从童年到成年早期,我们通常会获得控制感。随着我们的成长,我们的视觉运动协调能力逐渐提高。通过教育,我们对世界的认识有所改善。而且,随着实践我们在生活的许多领域变得更加熟练。当我们进入成年期,这个轨道开始有些改变。我们不能总是得到我们想要的工作或者升职机会;我们可能没有那么多的空闲时间来实践我们的兴趣爱好;我们不能总是安慰哭泣的婴儿。世界开始提醒我们,有很多事情我们不能随意去影响。当然,让我们意识到控制力有限的最终课程是不可避免的死亡。经过千百年的努力,我们仍然不会长生不老。

但这个并不意味着我们对此毫无控制。例如我们可能会死,但是比过去死亡的年龄要晚很多。或许我们并不是

总能安抚哭闹的婴儿,但随着时间我们会慢慢明白能做些什么。年老和逆境不仅能让我们了解自己的局限性,也能了解自己的优势。年老和逆境似乎就有这样的习性,常常让我们学习到——我们是谁,是什么事情让我们活得有意义。

正如 May 指出的,不是所有人在年老时都会品德高尚,当然在年轻时美德也会发展。但是有一件事是肯定的,老年人是生命的幸存者。就像 Eve Pell 一样,我们必须要经过很长的孕育期,才学习到生命是如何运转以及如何培养自己的幸福感和满足感。性格优势和美德是在生活危机中成长出来的,同时,它们也有助于我们渡过难关。Jimmie 现在和将来都是这样的幸存者;Mindy 是一个两次患乳腺癌的患者,有希望在很长时间内成为另一个这样的幸存者。

我们将详细探讨的性格优势和美德包括:

- 超越

- 幽默

- 人性和社会正义

- 勇气

- 智慧

- 节制

- 传递智慧给年轻人

- 感恩生命的轮回,包括它的终结

美德与私人定制读书会的兴起

正如我们在前言中所说,我们一直在探索性格优势和美德的一个方法,那就是在私人定制读书会进行阅读和讨论。这个名字有双重含义,因为我们最初计划是阅读哈佛大学经典书目,大约有 50 本。不要说我们是在逃避一个漫长的任务,因为某些人看来可能会活不到读完这 50 本书。但这仍是一个令人兴奋的代际间的讨论,也是一种鼓励老人进行智力活动的方法,否则他们可能被孤立在家中,并且很难激励自己独自阅读。

读书会现在招募从 60 岁到 90 多岁的读者(加上 30 多岁到 50 多岁的员工)。这群老年人最吸引人的一个方面是,在读书会讨论中,年龄问题很少出现他们普遍感兴趣的是有关生活的主题。该小组的第一次讨论以本杰明·富兰克林(Benjamin Franklin)的自传为基础,这本书写于他 70 多岁的时候。甚至在今天,他描述的内容也是新颖而且有吸引力的,被认为是美国第一个自我提升项目,早于现代著名的戴尔·卡耐基(Dale Carnegie)培训或者年代更近一些的例子,比如"幸福工程"。正如富兰克林所写的,"我心中形成了一个大胆而又艰巨的计划,要使道德达到至善至美的境地……若根据我所知或本以为知道的对与错,我不明白

为什么我始终难以做到择善远恶。"为此目的,他设计了一个日记本,每一页标上一项美德,每一页按一星期的日子分为七天。如果哪一类美德不合格,他会在适当的位置上用一个小黑点做标记。

富兰克林的目标是随着时间的发展,尽可能少的出现黑点标记。他在阅读的基础上列出了13条美德。他以节制为出发点,努力控制自己的行为,在这个过程中又增加了正义、平静和真诚;最后,他又加了谦逊。尽管他开玩笑说:"即使我能够想象我已经完全超越了谦逊的要求,我也应该为我的谦逊感到骄傲。"经过多年刻苦记录自己的美德和缺点,富兰克林最终放弃了。他指出,不仅不可能达到完美,即使有可能,所谓的完美也会惹恼其他人。

在我们详细探讨美德和性格优势的细节之前,及时地回顾一下历史是值得的。因为美德并不是唯一一个人们千百年来力图把控的问题。许多人可能会惊讶地发现,即便是针对非常高龄的情况,"变老"也不仅是个现代社会的问题。人们一直在努力行动、认真思考变老的问题,与之作斗争已经有很长很长时间了。

参考文献

◆ Carlin, J. (2008). *Playing the Enemy: Nelson Mandela and the Game*

That Made a Nation. New York:Penguin Press.

◆ Franklin,B.(1961). *The Autobiography and Other Writings.* New York:Penguin.

◆ Kaufman,S. R.(1986). *The Ageless Self:Sources and Meaning in Late Life.* Madison:University of Wiconsin Press.

◆ May,W.(1986). The virtues and vices of the elderly. In T. R. Cole and S. A. Gadow(eds.),*What Does It Mean to Grow Old:Reflections from the Humanities.* Durham,NC:Duke University Press.

◆ Pell,E.(2013,January 27,2013). The race grows sweeter near its final lap. *New York Times*,p. ST6.

◆ Peterson,C.,and Seligman,M. E. P.(2004). *Character Strengths and Virtues:A Handbook and Classification.* New York:Oxford University Press.

◆ Rubin,G.(2009). *The Happiness Project:Or,Why I Spent a Year Trying to Sing in the Morning,Clean My Closets,Fight Right,Read Aristotle,and Generally Have More Fun.* New York:Harper.

◆ Stengel,R.(2009). *Mandela's Way.* New York:Crown Archetype.

第 4 章

古代的老年人
——西方世界老龄观简史

....

老化处于道德和灵性的最前沿,如果没有谦恭、自知,没有爱和同情,不能接受躯体的衰弱和生命的有限性,缺乏神圣感,便无法跨越老化所带来的未知、恐惧和神秘感。

——Thomas R.Cole《生命之旅》

....

对老化的假设和 S 先生的故事

S 先生是一位 90 多岁的作家,被传唤到法庭。他的儿子们坚持认为他已经没有能力管理财产了。S 先生在法庭为自己辩护。他承认最近这段时间他可能忽略了他的工作,因为他刚刚完成一部戏剧的创作。在他向法庭朗读了剧本之后,法庭迅速驳回了这宗诉讼。

这听起来是不是很像你最近在报纸上读到的新闻?

　　这件事收录于西塞罗（Cicero，古罗马著名政治家）于公元前 44 年所著的《论老年》（*Essay on Old Age*）中，"论老年"也是我们私人定制读书会的一个主题，故事中的 S 先生就是索福克勒斯（Sophocles，希腊悲剧作家），他当时所写的戏剧正是他的杰出作品《俄狄浦斯在科罗诺斯》（*Oedipus in Colonus*）。

　　人们普遍认为，在古代老年人是得到重视和尊重的，甚至倍受崇敬，而当代社会对老年人的尊敬则逐渐减退。但是，历史学家挑战了这一观点，他们整理出大量的证据驳斥这些历史上针对老化和老年人问题的常见误解。

　　另一种常见的观念是老年本身是一种由现代医学产生的现代现象，这确实有一定道理。在古希腊，人均期望寿命只有 20~30 岁；到 1900 年才达到 50 岁左右，而现在的期望寿命为 80 岁左右。然而，事实上在历史发展过程中有很多男性和女性能健康地活到 80、90 岁的例子。古代人均期望寿命较低是由于出生婴儿死亡率较高所致。在很多世纪中，提到死亡人们不仅想到老年人，也会想到儿童。在 20 世纪以前，老年人都不敢确定他们的后代是否活得比自己更长。

　　在历史长河中，绘制一张关于老年人的形象是很复杂的，在日常生活中，人们是如何思考以及如何真实地经历衰老也同样是复杂的。没有社会科学家对相关数据进行过记

录,就算是有关于老年人的记载,也很少是老年人自己描绘的。而且,不是所有的书面材料都能够保存足够长的时间,从而让历史学家可以找到它们。比如,很多人都听说过希腊神话中赫拉克勒斯(Hercules)的功绩,但是很少有人熟悉他与吉拉斯(Geras)之战,吉拉斯是老年人的化身,其形象只出现在一些陶器上,而具体的故事已经失传了。另外,在17世纪或18世纪之前,女性、贫穷者以及仆人们的经历也很少被提及。

在探索老化的历程中,另一个困难在于所有人都在不断变老——只要我们还活着,我们就都在变老。从历史维度上看,人们定义老年的开始,从35岁到70岁之间的任何年龄都有。无论我们认为老年从何时起,它都会持续几十年,所以这个群体中就会存在多种不同的情况。其次,有些人反对使用年龄群体这个词。正如一位65岁的英国女性跟研究者抱怨,"这种以一个特定年龄群体的模式来对待所有人的习惯在某些方面是错误的,无论是哪一种年龄群体,人的个性都将被抹杀"。不是所有65岁的人都用相同的方式经历65岁,有些人甚至根本不会意识到自己的年龄。一个很流行的说法是:只有那些比我大10岁的人才是老年人。

还有一个复杂的因素是积极和消极的对比问题。就像我们看到的,对待老化的态度有时是非常苛刻的,而有些时候又看起来很积极。然而实际上,在苛刻时代中,老年人的

待遇要比"积极"时代好很多。

尽管存在这些挑战,历史学家还是能够将几千年来人们对待老化的态度整合在一起。我们在历史中获得的知识常常是通过艺术或文学著作的形式得以丰富的。某些主题在每个时代一次又一次的出现,包括当下,老化都以这样或那样的方式与健康、独立性以及对贫困和耻辱的恐惧等联系在一起。即使是富人有时也会担心进入老年后会变的贫困。一位畅销书作家最近在《纽约时报》中描述这种焦虑:"一件香奈儿夹克会让人变得优雅……这对很多女性来说都是事实……最后变成一个无家可归的流浪女是让我们感到最黑暗、最冷酷的恐惧"(Schwarzbaum,2013)。此外,纵观历史,宗教对老化的认识也起到了很重要的作用,当然在不同时期、不同国家,受宗教的影响也是不同的。

总的来说,我们看到某些模式会随着时间不断发展。比如,随着寿命延长,社会变得越来越世俗化,死亡本身对生活的影响也越来越小。在中世纪,老化是与审判日(Judgment Day)以及救赎联系在一起的;之后在人们心目中,变成与健康和成功联系在一起,并以此作为对道德的评判;最后,老化的焦点集中在健康以及生前、身后的经济保障。

历史学家托马斯·科尔(Thomas Cole)于1992年指出,随着时间变化,一种新的看待老化的方式被固定下来,对生

命的观点也更加统一。人们开始把老化看作是一趟个人旅程，而不是一种预设模式的生物学和社会学结构的推进过程，会把人们各自在变老中的灵性和情感体验考虑在内。

另外，早期的思想家倾向于通过不同的分段系统来看待年龄，经常使用一些自然现象来比喻生命的不同时间段。有人将生命分为三个阶段，就像一天中的不同时间，夜晚是最后的阶段；有人将生命分为四个阶段，就像四季，那么冬天则象征着生命的最后时光；还有人赞成七阶段分法甚至是十阶段分法。

无论是把生命看作不同的阶段还是一段旅程，有一个主题将我们所有不同年龄、不同时代的人联合在一起，这个主题就是——生命中哪些方面可控，哪些不可控，是什么最先让我们感到生活存在的意义。

古代：希腊—罗马时代

亚里士多德将生命分为三个阶段：成长期、静止期和衰退期。他认为中年是生命的鼎盛时期，中年人摒除了青年和老年所具有的负面特征。他认为，青年人变化无常，他还赋予老年人一大堆不好的特征——心胸狭窄、疑心重重、心怀恶意以及无论别人怎么想都无动于衷。有趣的是，在我们的私人定制读书会讨论这个话题时，大家认为这最后一

个特征恰恰是老年人的优势。另外一个关于老年人的"负面"描述是他们过度热爱生活！索福克勒斯（Sophocles）说，"没有人能够像一个老男人那样热爱生活"（Parkin，2005）。在当代社会，我们认为热爱生活是一件好事。此外，直到几千年后的今天，人们才开始关注变老过程中女性的感受。

有趣的是，专制的斯巴达人在某些方面对老化的看法却比同时代的其他文明要好一些，比如民主的雅典人。斯巴达人尊重老年人，他们接受长老议会的统治，这个长老议会由60岁以上的老年男性组成。但是，他们也只是一个例外。整体上来说，古希腊所推崇的还是年轻和貌美。权力和财富不是掌握在老年人手里，而是掌握在他们的子女手里。那时的文学作品对老年人也不友好，有很多嘲讽的描述，如"可恶的""天杀的""丧气的""令人厌烦的"，甚至是"被上帝讨厌的"（Falkner and de Luce，1992）。每当提及老年女性，总是被描述成性欲狂热和酩酊大醉。虽然也有一些文学作品中的角色，代表着老年人的智慧，如荷马（Homer）笔下的涅斯托尔（Nestor），但随着年老必然会变得智慧这一论调并不存在。

对于男性，衰老的同时伴随着他们的儿子成家立业（一般是在父亲60岁左右）。那时父亲就要把自己的事业和资产转给儿子们，因为儿子们被认为更有能力管理它们。随着事业和资产的转移，老年人的权威性和安全感也丧失了。

对于女性,年老更多意味着生理上的变化。从绝经期开始,她们丧失了生育能力。子女对老年人的照顾是反哺,或者说是偿还父母对自己的抚养之恩,有时需要法律强制执行。但是,一般来说,这一系统强化了老年人的不安全感和对他人的依赖,尤其是在他们还不确定自己的子女是否能活得足够长,足以照顾他们,或者不确定子女们是否能够好好照顾他们的情况下。

罗马是一个更具父权的社会体系,家里德高望重的男性长者是家庭生活的首领,他被称为"家长"。只有这个家长才能从法律上被称为成年人,即使他的儿子们已经30岁了。这样可能会为年长的儿子们带来更多经济保障,但同时也造成了另外一种代际间的紧张。在这个时期的文学作品中,儿子们是多么期待他们的父亲赶紧去世,这样他们好自己独当一面。罗马人还相信"时效性",就是说每个年龄都有它自己该有的行为准则,但老年人违反这一准则比年轻人更容易受到谴责。此外,罗马的文学作品中也有很多"憎恨"老年人的描述。

有一个值得注意的例外情况,大多数医生都同意亚里士多德(Aristotle)把衰老看作是一种疾病的观点。亚里士多德认为这种疾病主要的病因是热量的丧失,这一观点在长达两千多年的时间里一直占据着主导地位。1858年,奥利弗·温德尔·霍姆斯(Oliver Wendell Holmes,1841—1935,

美国著名法学家,最高法院大法官)写到,"人体就像一个火炉……当火逐渐熄灭,生命就会衰退"。亚里士多德还认为热量的丧失也会损坏灵魂。盖伦(Galen,医生、哲学家),坚持认为衰老是一个自然的过程,他的观点是老年从48岁开始(尽管60岁是其他思想家普遍认同的分界点)。另外,对于热量丧失,他的进一步假设是衰老会耗尽人体的水分,这就需要老年人保持身体温暖和湿润,以获得最大的舒适感。他的建议包括:清淡饮食、温和锻炼、读书、旅行。要回避的食物包括牛奶和多种蔬菜,他认为健康的饮食包括李子(具有通便功能)、瘦肉、人乳和葡萄酒。

希腊的医生则将生命分为四个阶段——儿童、青年、成人和老年。在很长一段时间内,一个家庭同时拥有上述四个阶段的成员是非常少见的,比如文学作品中就很少出现多代共生的家庭。人到成年很少有祖父母尚在世;10岁时仅有一半人的祖父母还活着。当然也有个别人活得比较长,且生育子女。例如著名剧作家埃斯库罗斯(Aeschylus)67岁时写下俄瑞斯忒亚(Oresteia),诗人平德尔(Pindar)直到他80岁去世前还在创造他的诵诗,柏拉图(Plato)也是在他80多岁去世前一直保持活跃。

老伽图(Cato the Elder)一直被看作是老年人的完美代表,直到85岁去世他都在元老院(Senate)中保持着较高的影响力(Senate源于拉丁文Senex,意思是老年人)。公元前

44 年，西塞罗（Cicero）在他的《论老年》（*Essay on Old Age*）中借老伽图的声誉来驳斥当时社会对老年人的错误认识。文章的口吻就像是老伽图跟希望了解老年人生活的年轻朋友的一场对话，以此来抨击每一个荒诞的说法。西塞罗的论点对文艺复兴和启蒙运动也有着很重要的影响力。但是西塞罗也承认，他对老化的观点可能只适用于那些尚有资源，足以让自己感到经济保障的老年人。

西塞罗抨击的第一个荒诞说法是，衰老使人丧失了在世界上处理日常事务的能力。相反，西塞罗指出老年人的谨慎恰好是青年人"头脑发热"的解毒剂。

第二个荒诞说法是，衰老使身体产生了重大疾病。这里，西塞罗还是很公正的。无论是听力、视力、速度、活动能力，或其他一些可能的方面，老化意味着这些躯体能力的下降，尽管有一些老人能很幸运的仍然保持着这些能力。他对于保持健康的建议与盖伦类似——控制进食和饮酒，保持适当运动。

第三个荒诞的说法是，老年人无法获得感官上的满足。事实上，老年人无法获得性满足，这一观点在历史上持续存在很长时间，即使是西塞罗也没有反对这一说法。他认为在性功能已经减退的情况下，吃和喝也是感官上满足。但是，他仍然认为性满足的减少其实是适应性的。他一开始就写到，"正是年轻时的躯体欲望和毫无节制将疲惫不堪的

身体推向了老年"。

最后一个荒诞说法是,恐惧与立刻要面对死亡联系在一起。事实上,他发现老年人并没有过多关注死亡,相反,他们关注的是如何活得更好,并且接受这样的观念:"大自然给了人类固定的天数,就像给其他物种一样,这个天数是最合适的界限"。

西塞罗提出,最好让老年人和年轻一代一样参与公众生活,这样对每个人(至少是男性,他没有提到女性)都是最有利的,因此衰老也就没什么可怕的了。关于这一问题的争论持续了很多年,他的观点在文艺复兴和启蒙运动时期被再次发现而得以发扬。尽管西塞罗为衰老说了很多赞美的话,但是历史学家托马斯·科尔(Thomas Cole,1992)发现,在西塞罗的论述里有一个令人失望的观点——他把衰老和老年人分成了"好"和"坏"。其中有批判衰老的负面内容:"我知道很多人……从来没有对衰老抱怨过一个字;只是因为他们摆脱了对激情的束缚而过于欢欣雀跃,而且还没有因为变老被他们的朋友看不起。事实上,所有这些抱怨都应该归因于个性,而不是归因于生命中一个某个特别阶段。"

在衰老导致的疾病中煎熬,意味着没有按照一个本来应该有的状态生活。西塞罗的论点让年轻人颇受鼓舞——我不必恐惧衰老,只要我按照正确的方式和正确的态度生活,一切在我掌控之下。但是对那些因为生活方式错误已经出现问题且受到谴责的人来说,会有负面的影响。这就导致出现了一个更大的问题——这种积极看待衰老的观点是否会引发零和博弈,对某个人有益,则必然对另一个人有害。如何将衰老的理论观点和它的日常经验融合,如何通过这种方法来调和面对衰老积极和消极的两面是我们至今都在为之努力的方向。

中世纪与文艺复兴

到 15 世纪,欧洲人的平均寿命得到延长,大约在 40 岁左右,老年人占当时人口的 5%~8%。在接下来的一千年里,上面这些数字波动很大,原因是相比老年人,瘟疫造成更多年轻人的死亡。在某些时候,老年人占比甚至上升到了 15%。

当时的欧洲是封建农耕社会,绝大部分人依靠农田劳作为生,但这些田地归大地主所有。生命是极其脆弱的,暴力、传染病以及连年战火几乎成了日常生活的组成部分。无论是哪个年龄阶段的人都随时会死亡。事实上,因为参加战争,年轻男性比老年人死亡的可能性更大,而上战场又是年轻男性更偏爱的方式。

基督教成为了当时的主流宗教,基督教中描绘的人死

后的景象给人们带来了安全感。虽然生命在这个世界是脆弱的,但是到了另外一个世界便可以得到慰藉。人们开始通过宗教的视角来看待衰老。在早些年,神学是博学精英们的阵地,他们认为衰老是提醒人们不要忘记原罪。另外,永恒的生命也有不利的一面,取决于你认为自己的灵魂在哪里结束。衰老关系着人们头脑中对来世的判断,因为衰老是到达审判日的最后一步。牧师们用衰老来比喻邪恶和罪行,与此相反,青年则象征着灵魂和救赎。他们用老年后衰退的画面给年轻人制造恐惧,从而使这些饱含激情的年轻人被驯服。

不足为奇,在这个体制下老年人是不会得到尊重的。尽管 17 世纪历史学家伊西多尔(Isidore of Seville)曾写过老年人的智慧,但他也这样描述老年人:"老年人很可怜,要么因老致残,要么因老遭厌"(Parkin,2005)。即使是在修道院,年老的修道士也尤其不受人尊重并可能会被遣送回家。一位老年人非正常死亡得到的赔偿要比年轻成人少得多,几乎跟 10 岁以下的孩子近似。威尼斯人对待老年人的态度则是个例外,那里领导者的平均年龄为 72 岁。威尼斯人相信年龄赋予人类智慧和平衡,这种观点在中世纪后期的一些文艺复兴城市确实存在。年老后,女性可能要比男性有更多的自主感。绝经是老年的一个分界线,女性在年老后有时还承担着像接生和陪护等社会责任。

由于周围资源有限，在古代人们便要求老年人从社会淡出，并把土地转移给自己的孩子们。何时转移土地的问题，常常是农民家庭出现剑拔弩张的时刻。有时候农场主会强迫年老的农民将自己的土地交给孩子们或其他亲戚。有时候一些年老的农民也能够维持自己作为家庭领导者的地位并和他们的成年子女一起耕作。退休常常被写进孩子的婚姻协约中，即父母同意在某个特定年龄后将田地转交，孩子则承诺会抚养父母余生。至于这个承诺，孩子遵守的情况如何，或者是不是会在孩子不遵守承诺时强制执行，就不得而知了。很多老年人对这一情况充满了焦虑，或者担心在需要的时候没有办法依靠家人，或者担心自己被迫失去独立性。是否有些人认为被迫退休也能换来较好的休养生活我们无从得知，但我们可以认定这取决于他们的社会支持系统。

从经济方面来说，如果没有赖以生存的财产，那么衰老对于老年人来说生活会变得艰难得多。比如，教师就没有职业安全性，只要他们还有能力就必须一直工作到老年。而相反，工匠，比如珠宝和家具匠人，则不会遭到遗弃，并且还会从他们隶属的行会中获得养老金。若不得已，他们还可以变卖一些值钱的财产。

中世纪后期发生了一些重要的转变。商人、银行家和生意人变得更成功，刺激了经济增长。社会变得更加市场

化和城市化,新的中产阶级在城市里开始崛起。时间概念
对于商人来说意义是不同的,他们比农民更需要精确的日
常测算。这时,根据年龄分段系统的不同,进入老年的分界
点可以是从 35 岁到 70 岁之间的任何年龄。平均来说应该
大约是 40 岁或 50 岁,或者是在家庭出现了一个转折点的
时候,比如最小的孩子结婚了。因为生育风险较高、女性容
易患病以及暴露于更多感染因素中,所以男性比女性寿命
更长。

老年人仍然需要将自己的工作和财产的管理权转交给
自己的后代。一般来说他们为了赎罪需要放弃自己在大千
世界里的追求和性生活的激情,关注到一些好的事情上,并
做好死亡和救赎的准备。与之前相比,这一阶段对衰老的描
述好坏参半。一方面,仍然有很多负面的陈旧观念——老
年人被认为是愚昧的、多疑的、阴郁的。尤其认为绝经后的
女性会危害社会。人们认为经血是不纯洁的,女性无法将
这些"毒素"排出体外会使她们变得贪婪和淫荡。另一方
面,一些积极的印象开始出现,尤其是在诗人但丁(Dante)
的著作中。虽然他同意古人的说法——我们的脑力和体力
高峰是在中年阶段,但他也相信我们的灵性发展会始终贯
穿于整个生命,他还形容老年阶段会达到一种平静和灵性
的升华。还有一些积极的观念,认为老年阶段拥有智慧、更
加安宁、激情减少(这一点在当时被看作是积极的)以及更

有可能得到救赎。

　　像西塞罗一样，有些作家对老年人也严格分成"好"和"坏"。事实上，推动 14 世纪文艺复兴产生的事情之一就是人们再现对西塞罗著作的兴趣，这些著作由意大利诗人彼特拉克（Petrarch）翻译完成。在 13 世纪后期，罗吉尔·培根（Roger Bacon）出版了《衰老的治疗与保持年轻》（*The Cure of Old Age and Preservation of Youth*）一书，其他与老年相关的书籍也陆续出现。但是，积极性是因人而异的，培根这本书既把老化描述成需要治疗的疾病，又乐观地认为人们有能力避免老化。

　　这个时期有很多不同的年龄分期的系统——三分法、四分法、七分法和十分法。如何分段取决于你是医生、哲学家、生物学家还是农户（农户可能是从一些民谣中学来的）。文艺复兴时期最广为流传的是人的七个阶段，这一理念在后来莎士比亚的著作《皆大欢喜》（*As You Like It*）贾克斯（Jaques）的独白——"世界是一个大舞台"中得以重现。这里对衰老的描述是非常负面的——"再次变的如幼童般无知、全然遗忘"。其实在贾克斯的独白中，对于所有年龄阶段的描述都是负面的，因为他是那个我们所熟知的"忧郁的贾克斯"。

　　在 15 世纪后期，时间的概念呈现出一些弦外之音。时光老人是一个一手持镰刀一手持沙漏的形象。时间在流

逝,审判即将到来。印刷机的发明使得这些观念的传播更加迅速。在年龄分段的观念之外,科尔(Cole,1992)还提出另外一种新的观念——朝向上帝的个人和灵性之旅。

在 16 世纪,有一张图变得尤其受大众欢迎,叫做"生命的时代"或者"生命的步骤"。生命就像是从左到右的阶梯。每一步都有一个年龄不断增长的人从左走到右。在阶梯的前半部分,新的台阶比旧的要高一些。最高的台阶在中间,一个看起来最强壮的人站在那里,而在此之后,台阶高度逐渐下降,每一个新台阶要比旧的要矮一些,台阶上站立的人也看起来比前一个更加衰弱,在阶梯的最右侧则是死亡。审判日的恐怖画面装饰在这张图上,这其中的含义是清晰可见的,代表着死亡符号——让人们记住死亡。老化是死亡和审判日的前奏,能力仍然是属于中年的。在接下来 350 年的欧洲,这一画面一直被人们认可。

16 世纪发生了更大的变化。马丁·路德(Martin Luther)发表了他的《95 条论纲》(95 Theses),挑战了天主教会并引发了宗教改革和反改革运动。这些观点对于人们如何看待衰老以及如何对待老年人也产生了显著的影响。另外,这一时期发生了巨大的宗教动乱,城市的中产阶级力量持续增强,他们希望获得稳定,推动了个人自我控制信念的壮大。

灵性主题不再仅仅是神职人员的领域,普通人也在进

行着相关的讨论,对死亡和毁灭的恐惧更加清晰。牧师不仅警示人们审判日即将来临,他们还把老年描述成懦弱和虚荣的年龄,而这就使人们在晚年时更难进行忏悔。老年女性尤其与巫术和死亡有关,这便导致了贯穿整个 16 世纪以及 17 世纪部分时间里出现的搜捕女巫运动。宗教教义中强调的是死亡带来的挑战而不是衰老。

尽管有这些残酷的描绘,但一些关于老年人的积极画面也出现了。比如,荷兰和英国的绘画作品把年龄和权威联系在一起,老年教众会坐在教堂的前排,那里是教堂长凳中最尊贵的位置。一些宗教团体,尤其是加尔文派清教徒,认为衰老本身就是一种救赎,活得长久则正是上帝恩典的证据。当第一批欧洲人在美洲大陆定居时,也带去了这对于衰老的观念,创造了一种不同的氛围,并在这个新的殖民地占据主导地位,直到 18 世纪后期一场著名的突如其来的叛乱使之发生了改变。

清教徒的伦理纲常和殖民时代的美洲

尽管美洲这片殖民地的历史非常年轻,但早期对待衰老的态度是很积极的。根据历史学家戴维·哈克特·费希尔(David Hackett Fischer)所说,当时的中位年龄是 16 岁,北部殖民地的居民比他们先前在欧洲时的邻居们活的时

间长(也比南部殖民地居民活的时间长)。男性成年后,女性度过生育年龄后,他们就能活到 70 岁。有人说新英格兰"创造了祖父母",因为有更多家庭成员活的时间足够长,从而使孙辈的人能够见到祖父母。

矛盾的是,尽管清教徒的伦理纲常可能会让现代人听起来太残酷,但它却使早期的美洲居民形成了尊重老年人的态度。人生来就是堕落的,无法逃避遭受痛苦。人的命运就是接受罪恶、躯体衰退和疾病,并通过这些"失去"找到靠近上帝的途径。尽管痛苦不可避免,但仍然有希望通过上帝的恩典获得救赎。这一时期,人们并不惧怕毁灭,而是认为老年时期更靠近上帝,约翰·班扬(John Bunyan)的《天路历程》(Pilgrim's Progress)中那一场著名的精神之旅便描述了以上这些观念。

财富和权力也集中在老年人手中。他们拥有土地,并且有权决定何时转交给他们的成年子女以及转交多少,他们担任着当地的要职,主导着强大的教会。因为有足够多的土地可以给子女们,所以他们用不着放弃自己的土地。最早期的居民并没有多少代际冲突,随着土地的减少,这种情况也发生了变化,老年人再次需要交出他们所有的财产,转而专注于虔诚和信仰。

老年人和年轻人都要履行对彼此的责任。年轻人要尊重老年人,同时老年人也要礼貌对待年轻人并理解他们。

人们一致认为,"白发苍苍的老者"要比"年轻的新手"更加智慧(Fischer,1978)。与同时期的欧洲人不同,美洲殖民者中的老年人还是有价值的,至少可以用与其年龄适宜的方式从事一些工作。那些生活贫困以及老无所养的人会得到社区援助,但是这些老年人要提供力所能及的劳动。老年人有责任成为年轻一代的榜样。这一时期的追求是:稳定、等级制度和家园感。至少在美国独立战争之前,这都是当时社会的理想形态。

17世纪和18世纪:启蒙运动与革命（科学及其他领域）

在17世纪刚刚到来的欧洲,莎士比亚写下了他最著名的作品——《李尔王》(King Lear)这一著作用最尖刻的辞藻描述衰老以及老年父母与他们子女间的冲突。肤浅的国王无法分辨真爱和被人操控,把自己的王国错给了最后跟他翻脸的女儿。在他一无所有之时,他忠实的大臣葛罗斯特(Gloucester)也遭到自己私生子的背叛并因此失明。他悲哀地痛哭道"我们之于上帝,就像苍蝇之于顽童"。

但是随着受教育阶层变得更贴近底层民众,以及科学革命的开始,老年的形象在17世纪后半段发生了变化,对女巫的疯狂行动也在17世纪中叶逐渐平息。人们开始觉

得老年人是一个值得研究并被理解的群体。数学家们开始研究寿命，同时哲学家笛卡尔（Rene Descartes）开始在他的著作中探索衰老的过程，社会变得更加丰富。

之后的人们会觉得《李尔王》太残酷。在莎士比亚创作完后的 75 年，泰特（Nahum Tate）对其进行了改编并搬上了银幕，以一个全新的喜剧形式进行了结尾。这一喜剧版本要比原版更受欢迎，在一个多世纪的时间里人们甚至认为这才是最终版本，直到 19 世纪莎士比亚的原版才再次出现在公众的视野。

虽然人们仍然认为中年才是生命的鼎盛时期，但人们也越来越认可人到老年应该受到尊重。在对老年的负面刻板印象以外，也出现了一些积极的观念。人们认为老年男性比年轻人懂的更多、是更好的人生向导，老年女性则更加坚守和奉献于自己的家庭。这一时期的生活变得更加富裕，衰老和死亡也出现了很多变化。富有的人不仅活得更长，而且保持年轻的时间也更长。比起穷人，富人更容易在老年时期仍然拥有家庭权利。10% 的人口年龄大于 60 岁；越来越多的家庭中祖父母仍然健在，而且在孙辈的父母生病或者去世的情况下还能照顾他们。北欧的家庭关系是最核心化的，三代同堂的家庭在俄国、波罗的海国家和西班牙则更为常见。

中世纪之后，医学观点并没有发生太大变化。衰老仍然被看作是一种因能量丧失所致、且无法治愈的疾病,医生的作用是给予安慰并预防过早出现衰老。他们的处方包括饮食(像以前一样,进食温热和湿润的食物,这一时期的建议是小份的嫩肉、红酒、牛奶)、锻炼和待在温暖的屋子里,并且避免负面情绪,比如焦虑或愤怒。

西塞罗再次受到公众的欢迎。1732 年,朗贝尔侯爵夫人(Marquise de Lambert),一位法国贵族作家,她在 60 岁左右的时候注意到西塞罗的作品缺少对女性的建议。于是,她写下了自己的版本,促使老年女性降低热情并从社会生活中退出。但朗贝尔侯爵夫人显然没有听从自己关于退休的建议,相反她一直在巴黎组织的文学沙龙,可以说是当时最大的文学沙龙之一。

随着社会变得越来越世俗,从 18 世纪早期到中期,人们的寿命也在不断的延长。到 18 世纪中期,欧洲的部分地区 42% 的人口能活到 60 岁或更长,且这一年龄段人们的生活比下一代人更受关注。在美洲殖民地,老化与生活的联系开始超过与死亡的联系。老年人渴望尽可能长的保持生活独立,而不是退休。

老年的形象更加理想化和感性化。回忆录和自传中记录了一些有关祖父母的故事,老年作家开始探索老年的乐趣,包括为人祖父母的乐趣,随着人们寿命的延长,这种情况变得越来越普遍。老年作家也第一次开始关注老年人的

性生活。画作中仍然描绘的是衰老后身体条件变差的情景，比如失明和牙齿缺失，但其中的老年人形象保持了尊严感以及表现出对老年人一生成就的赞赏，这也正是老年人所象征的东西。

法国人看待老年人尤其理想化。18 世纪 80 年代，法国爆发了推翻国王路易十六的战争，革命者得到了老年人的祝福，因此设立了老年节以示尊敬。然而，在大西洋彼岸情况却正好相反。美国独立革命之后，老年人却开始失去威望。

19 世纪与工业革命

19 世纪早期，美国最流行的故事之一就是 1819 年华盛顿·欧文（Washington Irving）所著的《瑞普·凡·温克尔》（*Rip Van Winkle*）。瑞普（Rip）在美国独立战争开始前在一个神秘的山上睡着了，20 年后当他醒来，发现世界已经发生了变化。乔治三世国王被新的乔治代替了，就像瑞普此时也被他儿子小瑞普代替了一样。这最初在小镇上引发了混乱和怨恨——老瑞普声称自己对国王的忠诚，后来他意识到自己犯了一个历史性错误，并且进行了纠正。后来这一切都获得了原谅，他被自己的女儿带回了家。他很高兴再也不用工作了，只需要懒散地在女儿家度过每一天。与之

前的生活不同,以前他的妻子(现在已经去世了)总是埋怨他不够勤奋(一开始正是因为要逃避妻子的唠叨,他才跑到山上去),现在他的闲散被接受了。

这个故事完美地阐述了在一个规则发生巨大变化的世界里,人们对于老化的焦虑,并且强化了老年人是毫无用处、被社会所抛弃的形象。革命后的美国反对所有父权专制,从国王到专横的父亲。当时规定政府官员的退休年龄是 60 或 70 岁;教堂里的座次取决于财富,而不是年龄。

在经济方面,欧洲和美洲都发生着更为剧烈的变化——手工业得到发展而土地供应更加紧缩;交通状况得到改善;商品的质量得到提高;对非制造业熟练工人的需求减少;一些种类的工作变得更为专业,比如医学和法律。在 19 世纪上半叶,很多男性离开家庭到镇上和城市里寻找工作。城市和新兴工业被视为朝气蓬勃和重要的,而农村则被认为是老旧和过时的。制造业经济增加了老年人贫穷和致残的风险,因为老年人不能轻松地保持技术的稳定或者达到工厂的要求。代际间变的越来越紧张,衰老被正式当成一个社会问题进行讨论。

从宗教的视角来看,人们认为上帝更加仁慈且富有同情心,只要人们能够正确的生活就会得到上帝的奖励,人们不再像以前那样害怕被诅咒。有关生命时段的画作更多出现的是伊甸园而不是审判日。这一代人相信,人们通过自

己的勇气和努力工作可以掌握自己的命运。他们反对"有限性"这一概念，他们对于美德的定义包括独立性和功成名就。健康和长寿被视为道德问题，每个人都可以让自己恰当生活而得到上帝的奖励。此时，对于老年人的精神生活关注较少，而较多关注中年生活的各个方面以及如何尽可能地避免死亡。因此，老年的形象既理想化又令人恐惧。很多建议是关于如何为进入老年做准备，但很少有建议是提给业已年老的人。对于老年贫困者的帮助更是少之又少，人们认为这些人陷入困境是咎由自取。如果没有家人能够或者愿意照顾他们，那唯一的选择就是济贫院。

与此同时，随着寿命的延长，老年人的数量也在增长，尤其到了 19 世纪中期。这在很大程度上得益于健康改革者的努力，他们改善了水质、卫生条件并促进了医学的发展，比如人们接受了疾病的微生物理论。一些改革家们近乎宗教狂热般地宣扬身体完美主义，他们宣称只要行为正确（自我节制、克制性欲、素食主义并且锻炼身体），人们是可以健康地活上几百年的。尽管这是一种对衰老的世俗看法，但它对老年人的生活增加了道德方面的权重——只要他们的行为足够恰当，便可以享受长久且健康的生活。

那个时候，医学上看待衰老仍然是宿命论的观点，认为老年人的躯体状况是不断恶化的，不会变好。直到 19 世纪后期医生们才对古希腊人对衰老的理解进行了修正，他们

开始更仔细、更科学地看待这个问题，比如衰老如何影响个体器官和免疫系统，以及哪些事能够帮助人们应对老化相关的问题。

19 世纪末，有关衰老的理论和为有需求的老年人提供帮助的意愿开始联系在一起。在德国，奥托·冯·俾斯麦（Otto von Bismarck）在 19 世纪 80 年代第一次制订了养老金计划。之后欧洲各国纷纷效仿。美国直到 1935 年才出台了这样的法案，而且是在一场关于是否动用社会力量来救助老年人的纷争之后。当时 50% 以上的老年人已经陷入贫困线以下，与此同时，对于衰老的负面印象也再次席卷而来，不仅仅是宣扬年老体弱，甚至进一步夸大。矛盾的是，正面印象使社会责怪老年人是因为自己行为不端导致了麻烦，并且拒绝帮助他们，而负面印象却恰恰相反。这种关系并没有引起 20 世纪研究者们以及助人专业人士的注意，这些人一直在努力为有需求的老年人寻求服务和资金。

随着养老金计划的推广，尤其到了 20 世纪，年龄再次被划分为三个阶段，与亚里士多德的描述相似。此时的三个阶段分别为求学期、工作期和退休期。科尔指出，到 20 世纪，生命旅程从关注死后生活，发展为相信自己有能力在生活的多重领域掌控命运，以及寻求经济保障和身体健康。衰老不再只是人们头脑中的灵性之旅。保证生命第三阶段安全的意义因人而异，与以前相比，更多人期待一个放松

的、经济有保障的未来。但是，也有人感到被社会系统边缘化了，因为他们在预定年龄之后，就无法感觉到生命的价值和意义。

20 世纪：长寿的民主

我们的平均寿命在最后这 150 年间发生了很大变化，这得益于收入、饮食、公共与个人卫生和医学的发展。生存曲线曾经一度像个金字塔，老年是人数最少的一个群体，而青年人人数则是最多的。到 20 世纪末，金字塔变成了长方形——老年人和年轻人的数量相当。有人想象是否将来的曲线会变成降落伞形，老年人的数量比中年人、年轻成人和青年人都要多。

现在，人们更少从宗教的视角来看待衰老，而更多的是从医学和科学的观点来看。对老年的评价主要基于他们的生产能力，甚至对中年人的评价也是如此。比如，被认为是现代医学之父的威廉·奥斯勒（William Osler）在 1905 年阐述道，"通过科学评估，男性对社会做出的大部分贡献是在 40 岁以前，50 岁之后几乎就没什么贡献了"。基于这项研究，他力主推进老年人退休和养老金制度。

与此同时，曾获得过诺贝尔奖，被称为现代免疫学之父的伊力亚·梅契尼科夫（Elie Metchnikoff），则反对这一观点。

与 13 世纪罗吉尔·培根（Roger Bacon）的观点相似，他认为衰老是一种可以治疗的疾病。梅契尼科夫认为是肠道细菌导致了衰老这一"疾病"，因此要对抗肠道细菌。早些时候，他推荐戒酒、卫生和节食；食物的选择方面他建议通过酸奶来对抗细菌，因此酸奶在当时火了一段时间。其他理论提出了一些更加稀奇古怪的建议，比如建议男性和女性都去食用动物性腺的提取物。

纳舍（Ignatz Nascher）医生打破了梅契尼科夫的观点，他认为衰老并不是一个可治愈的疾病，像盖伦（Galen）所说，衰老是一个生命的自然过程。多年以后这才成为主导观点。纳舍在 1909 年提出了"老年病学"的概念（Thane，2005），而且老年医学成为了一门新的医学学科。同样，纳舍也认为节食和锻炼，包括精神和躯体两方面，是改善衰老的关键。他还觉得医学忽略了老年人，因为人们觉得老年人活不了多久。有趣的是，到 20 世纪中期，医学使人们活得更久了，不是靠"治愈"了衰老，而是因为对所有年龄阶段人们所患疾病的治疗，比如心脏病、癌症、高血压。同时也因为在生命早期阶段开始注射疫苗。换句话说，能让成年人活得更久、更健康的方法也能帮助到任何年龄段的人。

到 20 世纪 70 年代，Robert Butler 提出用"年龄歧视"（ageism）一词来描述老年人受到社会歧视的方式以及社会对他们的负面刻板印象。就像西塞罗所述，词汇可能是新

的，但是概念古已有之。我们可以说正面的刻板印象其实和负面的一样都是对老年人的歧视，因为都是把老年人当作分离于年轻人之外的一个庞大群体。正面刻板印象会让大众对所有处于同一年龄段的人存在不公平的期待。然而有一部分人的经济保障比其他人要差很多。

观点的再调和

与其说衰老有"好"与"坏"之分，不如说 20 世纪的医学引入了我们今天所说的成功或不成功的老化这一听起来更为复杂的概念。如果你在谷歌搜索中输入"成功的老化（successful aging）"，你将会得到 450 000 条结果。但是旧时的道德观念仍然存在，例如在 80 岁左右变得衰弱是不是一个不成功的老年人？衰老只与尽可能保持我们的身体在自我掌控之中有关？

就像科尔（Cole, 1992）提出的，如果我们可以摒弃这种二元思维并重新把生命当作是追寻意义的旅程，也许我们可以找到一个关于老化更加令人满意的概念。无论其中的意义源自宗教还是世俗的观点，但这是一种诉求，它赋予每个人生命故事的完整性。这是因为，在生命历程中同时存在着正面的经历和负面的经历。

在历史演变过程中，我们逐渐学会了更多地掌控周围

的环境和我们的身体,但是这种掌控从来不会达到百分之百,无论我们是哪个年龄阶段的人。学着如何接受这种局限性是生命旅程的一部分,也是我们如何觉知自我和找寻意义的一部分。也许历史留给我们最重要的一课就是认识到协调"好"与"坏",协调能够掌控与不能掌控,以及协调老年人与年轻人的重要性。这样我们可以更好地欣赏每一阶段生活所带来的欢乐,而不必担心未来。

或许我们可以走得更好,并开始对未来有所期待。

参考文献

◆ Botelho, L. A. (2005). The 17th century. In P. Thane (ed.), *A History of Old Age* (pp. 113-174). New York: Oxford University Press.

◆ Butler, R. N. (2008). *The Longevity Revolution: The Benefits and Challenges of Living a Long Life*. New York: Perseus.

◆ Cicero, M. T. (1820). *An Essay on Old Age*. Translated by W. Melmoth. Google Ebook.

◆ Cole, T. R. (1992). *The Journey of Life: A Cultural History of Aging in America*. Cambridge: Cambridge University Press.

◆ Cole, T. R. (2005). The 19th century. In P. Thane (ed.), *A History of Old Age* (pp. 211-262). New York: Oxford University Press.

◆ Conrad, C. (1992). Old age in the modern and postmodern Western world. In T. R. Cole, D. D. van Tassel, and R. Kastenbaum (eds.), *Handbook of the Humanities and Aging* (pp. 62-95). New York:

Springer.

◆ Falkner, T. M. and de Luce, J. (1992). A view from antiquity: Greece, Rome, and elders. In T. R. Cole., D. D. van Tassel, and R. Kastenbaum (eds.), *Handbook of the Humanities and Aging* (pp. 3-39). New York: Springer.

◆ Fischer, D. H. (1978). *Growing Old in America, Expanded Edition.* New York: Oxford University Press.

◆ Holmes, O. W. (1873/2013). *The Autocrat of the Breakfast-Table.* Boston: James R. Osgood and Company/Project Gutenberg.

◆ Irving, W. (1819). Rip Van Winkle: A posthumous writing of Diedrich Knickerbocker *Bartleby. com.* Retrieved from Bartleby. com website: http://www. bartleby. com/195/4. html

◆ Metchnikoff, E. (1904). The Prolongation of Life, in T. R. Cole (1992). *The Journey of Life: A Cultural History of Aging in America.* Cambridge: Cambridge University Press.

◆ Metchnikoff, E. (1907). A few remarks on soured milk, in T. R. Cole (1992). *The Journey of Life: A Cultural History of Aging in America.* Cambridge: Cambridge University Press.

◆ Osler, W. (1905). The Fixed Period, in T. R. Cole (1992). *The Journey of Life: A Cultural History of Aging in America.* Cambridge: Cambridge University Press.

◆ Parkin, T. G. (2005). The ancient Greek and Roman worlds. In P. Thane (ed.), *A History of Old Age* (pp. 31-70). New York: Oxford University Press.

◆ Schwarzbaum, L. (2013, September 15, 2013). The fear that dare not speak its name. *The New York Times Sunday Magazine*, p. MM58.

◆ Shahar,S. (2005). The Middle Ages and Renaissance. In P. Thane (ed.),*A History of Old Age* (pp. 71-112). London:Thames & Hudson Ltd.

◆ Thane,P. (2005). The age of old age. In P. Thane (ed.),*A History of Old Age* (pp. 9-30). London:Thames & Hudson Ltd.

◆ Thane,P. (2005). The 20th century. In P. Thane (ed.),*A History of Old Age* (pp. 263-300). London:Thames & Hudson Ltd.

◆ Troyansky,D. G. (1992). The older person in the Western world:From the Middle Ages to the Industrial Revolution. In D. D. K. Cole. T. R. ; van Tassel,R. (eds.),*Handbook of the Humanities and Aging* (pp. 40-61). New York:Springer.

◆ Troyansky,D. G. (2005). The 18th century. In P. Thane (ed.),*A History of Old Age* (pp. 175-210). New York:Oxford University Press.

第二部分

美　德

第 5 章

超越的意义

——突破自我

......

随着年龄的增长,我发现了自己对世界的爱。我一边和你聊天,一边看向窗外,我看到我的树,我那优美的好几百岁的枫树们……

——Maurice Sendak,83 岁,《最后的访谈》

几年前,有人问我,最喜欢人生中的哪个阶段,我的回答是"现在"。

——Hedda Bolgar 博士,精神分析师,97 岁

......

超越来源于拉丁语的翻越(transcendere),意思是感受到一种超出自身的意义感。世界上有多少人就有多少种超越的体验。它可以是宗教上亲近上帝的感受;也可以与宗教无关,而是灵性层面上与他人、自然或宇宙的连接感;还可以是不同情境所带来的世俗体验。总之,超越与意义感和生存目的有关,是一种因为活着而欣喜的感觉,哪怕只是

一瞬间。

哲学家 William May 将我们对超越的需求与死亡联系在了一起。他认为，"死亡如果不是以一种卓越的意义为背景而出现的话，就会像深渊一样"。精神病学家 Viktor Frankl（1963）认为超越与人类的"悲情三要素"（tragic triad）有关，即痛苦、内疚和死亡。生活远远不仅是这些消极的部分，即便我们或早或晚最终都要去应对。我们时常会通过超越感而意识到这一点。

超越感有时候可能只是一些非常小的事。Mindy 在喝热巧克力的时候不时会想起之前的一次经历。那次她被暴风雪困住了，又湿又冷，找不到躲避的地方。当她终于进了家门，换上温暖的衣服时，她的丈夫 Rob 递过来一杯热巧克力。喝着这杯热乎乎的可可，她有了一种超越感。因为就在片刻之前，这个世界还是那么严酷，而现在有了爱人和热饮，她很感激这个世界可以如此美好。

无论在任何年龄，我们都能体验到超越感。我的同事 Kate 就说过，"我现在 75 岁，我能够越来越多地体验到超越感，并且也更加坦然。在年纪大了以后，会有一种闹中取静的能力，让你更能够意识到存在的宝贵之处。" Maurice Sendak 在他与美国国家公共广播电台进行的最后一次广播访谈中谈到，为什么他现在能够更好地感受到棵棵枫树的美好。他说，"我有时间慢慢欣赏它们的美。变老是一种祝

福,让人能够有时间去做很多事,比如读书和听音乐"。

精神分析师 Hedda Bolgar 在她 103 岁去世之前不久还在见患者。这些患者中有很多都是七八十岁的老人。对 Hedda 来说,这些患者是更年轻的一代。出版《岁月之美》(*The Beauty of Aging*)一书时,她在采访过程中解释了为什么现在是最幸福的阶段,具体来说是因为她有能力超越每天面对的丧失,而她认为这一能力是与年纪有关的,"我不明白为什么人们那么害怕变老。在我看来,人们似乎只看到了丧失、衰老和不断失去,而没有看到丰厚的收获、舒缓以及足够的应对能力所带来的安全感"(Schur,2013)。

Bolgar 博士曾是第二次世界大战中的难民,因为过去经历过许多深重的痛苦——战争、饥荒、革命,她产生了一种使命感,她觉得自己之所以降生在地球上是为了去完成某些事。这种使命感帮助她更好地应对,并能超越这么多年来个人的丧失,其中最困难的时刻是 65 岁时她所深爱的丈夫撒手人寰。

Randy Pausch 做到了将自己遭遇的不公命运置于超越的体验中。Pausch 教授的著名讲座《最后一堂课》(*Last Lecture*)是卡耐基梅隆大学(Carnegie Mellon University)系列讲座的一部分。该系列讲座的核心是——如果这是你最后一次讲课,那么你想要给这个世界传播怎样的智慧? 对于 Pausch 来说,这真的是他最后的机会,因为在讲

完课的几个月之后,他死于胰腺癌,时年 47 岁。这次命题讲座让 Pausch 对自己的生活有了一个新的理解,他想到了什么是自己对这个世界独特的贡献。通过讲述自己实现梦想的故事来帮助其他人达成梦想。Pausch 的讲座被整理成书出版,在书的序言中,他的妻子 Jai 讲述了 Pausch 是如何在生命的尽头全心全意地准备这次讲座,而这件事又是多么的有意义。Pausch 仍然认为自己是幸运的,不光是因为他实现了如此多的梦想,还因为他所深爱的妻子和三个孩子。从 Pausch 的讲座中,我们能看到两种类型的超越。

超越既可以来自于很小的事,比如一杯可可,也可以来自很大的事,比如经历痛苦而初心依旧;既可以是时间长河的一瞬,也可以是持续一生的一种普遍的生活态度。

美之呈现:短暂一瞬所产生的超越

设想一下,当一名音乐爱好者坐在音乐厅里,他最喜欢的交响乐以按各种考量都达到最优的极致品质在耳边回响。他感到情绪的震颤,就像我们体验到了最为纯净的美。如果我们在这一时刻去问这个人,他的生命是否有意义。他肯定会回答,只要能够体验到如此美妙的时刻,那么活着

就是值得的。

——Viktor Frankl,《医者与灵魂》

(*The Doctor and the Soul*)

即便我们所做的只是坐在公园里,如果体验到了"最纯洁之美的存在",也能让我们到达另一个遥远的世外桃源。我的同事 Kate 就被一个故事所深深鼓舞。这个故事的主人公是一位男性,他曾经被纳粹囚禁在一个鸽子笼似的小房间里。那个地方又脏又冷,他感到很恐惧。生活唯一的希望是牢房顶部的一个小窗户。大部分时间里,他所能看到的就是一小片天空,时不时会有小鸟飞过。当他哪怕是瞥见了一点点鸟儿的身影,就会马上感到充满了希望。他发现那些鸟,或是他瞥到的影子,是一种崇高的美。这会提醒他,世界上仍然存在着美好,仍然存在着自由,即使美好和自由的只是那些小鸟。看见小鸟让他那终有一天会获得自由的梦想能够生生不息。就连他所身处的丑陋的世界也变得有一点点不那么丑陋,就算是这个牢房也仍然能够绽放美好。有一天他获得了自由并且把自己的故事讲了出去,让别人知道那些转瞬即逝的小鸟是如何鼓舞他的,让他保有活着的希望。

Frankl 博士也是纳粹的受害者,他从奥斯维辛集中营幸

存了下来。当他和他的同伴在集中营的采石场做苦役时，威胁他们的不只是超负荷的劳动，还有随时被送往死亡营的危险。在这种状况下，他们看到了萨尔茨堡山绚丽的落日。他们发现无论自己的命运如何，自然之美仍然会继续，而他们也是这种美丽的一部分。这一想法给了他们极大的安慰。于是他们进而在每一个能感受到当下之美的觉察中，让自己从残酷的境况中抽离出来。Frankl 将自己之所以能幸存下来的精神支撑归功于那些超越的时刻，不然他觉得自己肯定活不下去（当然他也不否认有运气的成分在）。

Crystal Park 和 Susan Folkman 在 19 世纪 80 年代做了一项研究，研究的对象是那些伴侣很年轻便死于 AIDS 的人。他们发现，健康的照顾者在目睹自己的伴侣病情恶化并死亡的过程中，那些美丽的时刻有着非常重要的作用。虽然忍受着痛苦的折磨，但两个人一起看日落或者看到一朵美丽的花儿，让他们回想起过去特殊的时刻。这些情景会让他们超越当前令人心碎的状况；让他们感到自己是更广阔、更美好的世界的一部分，从而跳脱出每天都要面对的严峻现实。除了那些痛苦的经历，他们仍能够感受到积极的情感，这会让他们的精神得到鼓舞。通常，在伴侣去世以后，当悲伤的未亡人再回想起这些片段的时候，仍然能感受到当时的美好。

与此类似，Hedda Bolgar 很喜欢关注她庭院里的花朵。

她说:"对于所有有生命的东西,我都能有强烈的连接感,包括动物、植物、树木和人"(Schur,2013)。Benjamin Schechter 是一名内科医生,在他 60 多岁的时候也有相似的感受。他觉得他的庭院能够让他跳脱出此时此刻,就像在聆听德沃夏克(Dvorak)、贝多芬、埃拉·费茨杰拉德(Ella Fitzgerald)和梅尔·托美(Mel Torme)的音乐时一样。

对 Jimmie 来说,让她有这些感觉的是日出,而不是日落。早年间在农场的时候,鸟儿的鸣叫和公鸡的歌唱意味着新一天的到来。尽管在纽约的家附近并没有什么公鸡,但夏天的早晨从窗外传来鸽子的咕咕声仍然会让 Jimmie 感到融入了自然。

美可以源于自然,也可以来自艺术、音乐或一段文字。一本好书通常会让我们从当前的情境穿越到书中所描述的那个世界中去。一本鼓舞人心的书能够帮助我们超越生活中艰难的时刻。88 岁的 Eddie Weaver 退休前是一名物理学家,他一直是阅读爱好者。他在读诗的时候就会感受到超越的美。

能够让我们超越的不仅是阅读,还有写作本身。有时,我们会专门用写作来超越艰难的时刻。人们发现,写日记能够帮助癌症幸存者应对他们的疾病。例如,Sloan Kettering 纪念癌症中心就组织了一个很受欢迎的写作项目,叫做"墨迹"(visible ink)。其中一个练习是让小组成员用格

律诗来表达对这个项目的留念。一位女性参与者写道:弱不禁风旧皮囊,无碍诗情到碧霄。

爱有超越性

小猪佩奇来到小熊维尼的身旁。

"维尼?"他轻声说。

"什么事,佩奇?"

"没什么",佩奇边说边拉起维尼的手。

"我只是想确认你在我身边。"

——A.A.Milne,《小熊维尼》

Mindy 曾经让癌症支持小组的组员分享一下他们感到生命最为鲜活的时刻。下面是一些回答:

● 我 4 岁的小孙子张开手臂向我跑来的时候。

● 在我摄影奖项的颁奖典礼上,我的父亲激动落泪。这老爷子平时可是有泪不轻弹的。

● 坠入爱河。

● 在我父亲患癌去世之后,我和母亲重新建立了关系。

● 救活了一只患痢疾的小狗,现在它就像我的孩子一样。

● 迎娶我太太的那一天,同时她的母亲因为癌症生命处于弥留之际。那一刻让我刻骨铭心。

可以看出,每一个答案都是关于爱的。不仅是爱情,还有亲情,甚至是宠物。

对 Frankl 来说,爱能够超越生命本身。当他被关押在集中营的时候,有一次被要求急行军,那是一个天寒地冻的早晨。如果囚犯跟不上行进的速度,就会被看守用鞭子抽或挨枪托。死亡的气息无处不在。这时,Frankl 突然想到了他的妻子。"……但我的脑子里全是我妻子的影子,以一种异乎寻常的强烈程度想着她的样子。我能听到她跟我说话,看到她的笑脸,她那清澈的眼神鼓励着我。不管是不是幻觉,她的样子比正在升起的太阳都要明亮……之后我就能理解,为什么有的人就算一无所有也能感到无以复加的幸福。"有意思的是,Frankl 在当时甚至并不知道他妻子是否还活着,但这一点并没有削弱这些画面对他所产生的积极作用——"无须知晓,任何事都不能动摇我的爱、我的想法以及我所爱的人的影像"。

与此相似,Randy Pausch 在他课程的结尾对台下的听众说,"我所说的并不是为了你们,而是为了我的孩子"。在后

来将此整理成书稿时,他对此进行了更细致的描述:

> 在决定如何进行这堂学术讲座的时候,我想象把自己装进一个漂流瓶,有一天这个瓶子会被冲上岸,被我的孩子们捡到。如果我是一个画家,那么我会为他们作画;如果我是个音乐家,我会为他们作曲。然而,我是一个讲者,所以我讲学。我讲的是生活中的喜悦,以及我是多么热爱生活,哪怕生命对我来说已去日不多……

人与人之间的关系不仅仅是跟家庭成员,还包括与朋友、邻居、同事之间的关系,甚至还有宠物。我们知道有很多老年人通过养自己喜爱的宠物而获得相当多的慰藉。Mildred 和 Oscar Larch 就把他们的爱倾注在一只澳洲鹦鹉 Jocko 的身上。Jocko 在它的栖木上指挥着一家人的生活。Jocko 每天都会叫这两个人起床,让他们为自己准备丰盛的早餐,白天的时候跟他们聊聊天,然后"就寝"。Jocko 就寝的过程是一种通常和小孩互动时会出现的晚安仪式。他们两个人对心爱的宠物用情很深,作为身后事的一部分,他们已经用心为 Jocko 安排好了归属。60 多岁的 Laura Slutsky 是一名女企业家,她认为她的两条狗 Boo-boo 和 Shayna Punim 如同她的生命一般重要——"它们给了我回家的理由和意义"。

对自我的拓展：超越和有意义的生活

有意义的生活不仅仅是出生和死亡之间那些有超越感的时刻的集合。另一种普遍存在的超越感，来自于将自己感受体验成为一种更广阔存在中的一部分。比如，一个有宗教信仰的人会认为自己是上帝计划的一部分。一个无宗教信仰的人将自己感知为整个自然界的一部分，就像 Bolgar 说的那样。

我们的事业、工作和创作会让我们感到自己属于另一个更大的版图。因为在这一过程中，我们的注意力会放在所承担的责任和任务上，而不是只关注自己。我们工作成果的存在时间可能要长于我们的生命，而在我们死后很长时间还可能有人对我们的工作表示欣赏和感谢。就像 Pausch 所说，我们每一个人都有着独特的贡献。幽默艺术家 Buchwald 在被从宁养院送回家以后，又比预期的寿命多活了很长时间。他认为他的工作就是运用自己的天赋让人们开怀大笑，帮助他们减少对死亡和死亡过程的恐惧。"死亡并不是什么难事儿"，他说，"付医疗费才难！"离开宁养院之后，Buchwald 重新恢复了他的报纸专栏，并出版了他最畅销的图书《未到临别时》（*Too Soon to Say Goodbye*）。

同样，我们两个人在写这本书的时候都能感受到自己

是更大的一件事的一部分,因为这本书的议题关乎每一个人,或早或晚(无论我们是否喜欢)。

Dorothy Kelly:对他人的责任及超越过去

Dorothy Kelly 出生在 20 世纪早期一个温馨的贵族家庭。她非常怕羞并且有严重的焦虑,甚至在社交场合会惊恐发作,惊恐发作反过来又让她更加羞怯。在那个时代,Dorothy 的症状还无法被识别,也没有相应的治疗。她的父母对她寄予厚望,但她放弃了大学,在出版公司找了一份秘书的工作。在那里,她与 Bob 相识并结婚。Bob 是一名雄心勃勃的编辑,他比 Dorothy 大 15 岁,几乎没有时间能够陪伴在娇妻的左右。他们接连生了两个孩子,年轻的母亲发觉她总是自己一个人独自在家带孩子,而她的丈夫则愈发的功成名就。

Dorothy 又开始出现惊恐发作。她变得非常恐惧,担心会有不好的事情发生在她孩子的身上,也担心她自己会出意外。有一天,当她的头又开始嗡嗡作响,呼吸变得越来越急促,她发现喝一杯杜松子酒能缓解自己的恐惧,让自己感觉好一些。因为羞耻感,她拒绝去看精神科医生。直到两个孩子长到 6 岁和 4 岁时,她都是一个隐匿的酗酒者。

有一天,Bob 下班回家,发现 Dorothy 睡着了,而孩子们在自己玩儿。他立即带着年幼的孩子们离开了 Dorothy。

虽然 Dorothy 重整旗鼓能够去做一份秘书的工作,但丈夫和孩子的离开压垮了她。她想过自杀,但她没有这么去做,而是在朋友的建议下参加了匿名戒酒者互助会(Alcoholics Anonymous,AA)。在虔诚地完成了 12 个步骤[1]之后,她不仅仅得到了恢复,还开始帮助其他存在饮酒问题的年轻女性。她经常感到帮助他人也能够有利于自己远离酒精。经过几年的努力,Dorothy 能够定期去探望她的孩子们。她也开始强烈地感受到,她还没有钱给孩子们买漂亮的玩具,她的小公寓与孩子父亲和继母那有着精美家具的大房子相比是那么的窘迫。

Dorothy 在坚持进行志愿工作的同时,重新拥有了自己的生活,找到了一个相互适合并相爱的丈夫。她成了 AA 小组中的传奇人物。在她成功戒酒 25 年的庆祝会上,有二十位年轻的女性前来参加,对 Dorothy 的帮助表示感谢。在晚年,Dorothy 会特别骄傲地谈起她所资助的许许多多年轻女性,能看到她们的改变让 Dorothy 很开心。

在她的孩子们长大成人以后,也逐渐能理解 Dorothy 当时的问题。他们与 Dorothy 重新建立了情感的连接,并带

---

[1] 匿名戒酒互助会成立于 1935 年的美国,旨在通过互助团体帮助酗酒者戒除酒瘾;12 个步骤是该团体指导会员进行康复的具体方法,是一套精神原则,用以对生活方式进行指导,促使酒瘾患者重获快乐和有价值的人生。

着孙子孙女们去看望 Dorothy。这些小家伙们成了 Dorothy 重要的快乐源泉。

　　和超越的时刻一样,引发超越的事件本身可能会非常小但影响却很大。Ellen Langer 和 Judith Rodin 进行了一个经典的有关老年患者的研究。他们在疗养院的每一个房间里都放置了一棵植物,其中一半房间内的植物交由其中的患者自行照料,而另一半房间内的植物由疗养院的员工去照料。养活植物并照看它们长大是一个简单的任务,这个任务意味着要对这些植物负责。正是这样简单的任务让老人们有了更好的生活质量。这种改善不仅包括心理健康,还包括躯体健康。

　　Erik Erikson 对老化进行了一般意义上的描述,他认为在广阔的社会半径中,老化会使自我的各个方面得到拓展。老年人在超越他们有限的自我时,内心通常会获得极大的安慰。他们会更多地关注较大的问题,如人类正义、环境质量,以及下一代会面临的困境,虽然他们知道自己没办法活着看到这些未来。他们开始不只考虑自己,而是去思考未来要把什么留给他们的孩子、他们的后辈以及这个星球。正如归隐田园的西塞罗在他的《论老年》一文中所说,他很开心地去栽种和培育树苗,尽管他知道自己活不到享用果实的那一天。

　　Lars Tornstam 博士,是一名瑞典的老年病学家,他将这种思想上的转变称为超越老化(gero-transcendence)。在老年阶段,将个体的连续性与更大的宇宙之间相联系而带来的慰藉感会出现得更为频繁,这会加深我们对生命的体验。正如 Hedda Bolgar 提到的与所有生命体相连接的感受一样。这种类型的超越会在第 7 章有更多的阐述。

化疗间的欢笑

　　2006 年的秋天,身患 Ⅱ 期乳腺癌的 Mindy 正在接受治疗。当静脉输液器将有毒性的化疗药物注射进她的手臂时,她和她的丈夫 Rob,在看一部电视情景喜剧《发展受阻》(*Arrested Development*)的 DVD。这部剧讲的是 Bluth 一家的故事,他们的第一桶金来自于买卖冷冻香蕉的设备,这家人相互之间的关系都很不正常。比如,在一个普通的早晨,母亲和她成年儿子之间的对话是这样的:

　　Lucille:给我一杯加冰的伏特加。

　　Michael:妈,现在是早饭。

　　Lucille:那就再来一片面包。

　　Mindy 和 Rob 忘乎所以地开怀大笑,以至于护士们都会

找个理由探头来看看,到底是什么这么有趣,连化疗药都能够制服。冲着电视剧里面那个恶魔一般的母亲哈哈大笑,能够帮助他们冲着自己恶劣的境况哈哈大笑。正如 Frankl 能够对自己欣赏夕阳之美感到欣慰一样,Mindy 和 Rob 也发现,意识到自己还能够哈哈大笑,本身就是一种安慰。这些经历能够让 Mindy 选出"化疗专属电视节目"——即使在化疗室也能够看得开心。

幽默是另一种重要的超越方式。它能够激励我们以一种拉开距离的视角审视我们所处的状况,以此来克服所面对的困境,并且能够把我们带入一个更好的境界。发现并表达幽默是让我们感受到自己在这个世界上的存在,以及帮助我们定义自己的重要方式。Art Buchwald 在晚年甚至能够更受欢迎,正是因为他能够笑对死亡,并帮助我们也能这样做。因为幽默是如此重要的一种超越我们日常生活的方式,所以在第 6 章我们会继续探讨这个话题。

感　恩

超越的另一种方式是拥抱感恩,可以是对他人的,也可以仅仅是对我们生活中积极的事物。在 Mindy 患癌的日子里,她的朋友和家人会开车 4 小时把她的孩子带去动物园游玩,为她做饭,还为她做了一床住院用的漂亮被子。她感

恩于朋友和家人,以及他们为她所做的这些事情,这些付出绝不仅仅是对 Mindy 所遭受磨难的聊表安慰。家人和朋友的所作所为让 Mindy 深深感动,并给了她力量,提醒她虽然这个世界有时候可能会很灰暗,但有了这些家人和朋友就不会是暗无天日。

Kate 至今仍记得,在犹太人大屠杀期间,她被基督教的朋友们藏匿起来的日子,她对此充满了感激。"这种感觉会跟着你一辈子",她说,"就像是戴上了一件珠宝,只不过是戴在了你的头脑里。"她一直会去探望那些仍健在的当时救助过她的人。Mindy 的母亲也是犹太人大屠杀的逃亡者,她还记得当她和家人抵达一个意大利的难民营时所获得的食物和友爱。虽然当时她因为太虚弱而无法享用任何巧克力、鸡蛋和水果,但只要想起那一天,笑容就会在她唇边绽放。

对于老年人来说,感受到时间的有限,能够帮助他们产生感激之情,感恩已经活了这么多年,甚至是感恩生命本身。Jimmie 的丈夫 James,在经历了一段病痛的折磨之后,总是开玩笑地说:"我不光来到这里开心,我到哪里都开心。"

借助回忆的超越

有时候,仅仅是回忆那些超越的时刻就足以让我们感

89

觉更好一些,就像 Frankl 被有关妻子的回忆所点亮。Jimmie 的姨妈在上了年纪以后曾经对她说:"Jimmie,你一定要有意识地储存那些美好的回忆。当你老了以后,就能体会到好处了。"

正是因为这个原因,在一个异常寒冷的五月的一天,Mindy 排了一个半小时的队,从布鲁斯香蕉站领取了一根冷冻香蕉。这是新的一集《发展受阻》(*Arrested Development*)即将播放之前的宣传造势活动。站在那里排队的时候,会让 Mindy 回想起那些被这一剧集带来的笑声所安抚的欢乐回忆。一个老纽约人其实并不喜欢赶潮流或噱头,但 Mindy 还是会这样去做(尽管冷冻香蕉的味道真的很奇葩)。她还把蓝色的包装纸放在了电脑上面,这样她就能经常想起这段欢乐的记忆。

Lillian 今年 93 岁,她觉得挖掘那些埋藏的回忆是一件感觉非常好的事,特别是在把这些回忆与他人分享的时候。心理健康咨询师 Tessie Hilton 发现,自己年逾八十的父母在回忆过去的时候会获得极大的安慰,特别是那些有关孩子们的有趣的囧事。Linda Moore 的父母也很喜欢跟她讲过去的事情。她的母亲尤其喜欢讲有关自己母亲的故事,并讨论这个故事对自己的意义以及对 Linda 的意义。

当回忆带来超越时会有安抚的作用

95 岁的 Sam 是一位优雅的绅士,他的视力和运动能力都不太好。他有很多事都做不了,大部分时间只能坐在自己的房间里。但是他会开心地讲述他在年轻时所经历的那些愉快时光,比如他与家人到欧洲国家和菲律宾旅游。他尤其喜欢回想的是他生命中最有意义的一段岁月——第二次世界大战期间,他有两年的时间生活在太平洋的海军舰艇上。Sam 用他过去的回忆替代了那些如果身体状况允许他便会去做的事情,比如打高尔夫、打网球和阅读。

同样的,Mindy 丈夫的爷爷 Moe 在 88 岁的时候从儿科医生的岗位上退休,他很享受每天能够用两根食指把自己的回忆录敲进电脑。他尤为喜欢记录他于第二次世界大战中在新奥尔良市的美国军舰担任海军军医的经历。Moe 也很喜欢回顾多年来收集到的许多点滴瞬间,比如他在布鲁克林道奇队担任儿科医生时的照片,之前的患者受到 Moe 的鼓舞而学医以后寄给他的感谢信,以及与患者们相处过程中那些极其艰难或感人的时刻。有时,他会在这些照片和信件的背面写上自己的反思,就像 Frankl 曾经写到,"这些文字代表着如此多的骄傲和喜悦,拥有这些的人已经收获了完满的人生。"现在,Moe 已经过世了,Mindy 和 Rob 很

愿意继续将他的故事讲给他的重孙子们听。

超越的态度:保持开放

通常来说,如果你只是个被动的旁观者,那么超越并不会像天上掉馅饼似的发生,而是需要一定的努力。我们必须要愿意停下来并且去闻玫瑰的花香,才能心怀感激并被它们的美丽所影响。正如 Kate 所说,当她在灰沉沉的纽约街边被一朵绽放的花朵所触动,或是在一天当中恰好的时间,看到阳光穿越过逼仄沉闷的街道,"我知道它还会出现,因为我的心门为它而开放。"而且,她发现随着年龄的增长,开放的程度也会更高——"逐渐地能够很轻松地在越来越小的事情上找到它,所以它与我在一起的时间也会更长"。这么说来,这不仅仅是一种体验,更是一种对生活的态度,是我们对待它以及对我们自己的期待。听到鸟儿的晨鸣会让 Jimmie 感到愉悦,但在她忙碌的中年,这是不会发生的。

意义感并不是一件发生在我们身上的事情,而是我们赋予周围世界的,我们参透其中并为自己找到一个满足之地。比如,Linda Moore 从长时间的理智所带来的抑郁中觉醒,才开始努力让自己去"闻花香"。获得意义感有很多康庄大道,可以是欣赏美好的事物,感觉自己是更大宇宙

的一部分,也可以是让自己对更大宇宙中的其他人产生责任感。

和许多其他领域一样,岁月可以帮助我们达到这样的状态,但仅仅依靠岁月是不够的。我们已经体会到的超越或体会到的生命意义和目的越多,随着时间的推移,这样的体会就更容易出现。一旦我们品尝到了它的甘甜,就会发现在能够找到它的地方找到它,是一件多么美好的事。

Maureen Davis:在日常生活中的超越

Maureen Davis 是一个典型的对生活总是充满热情的人,在 97 岁的时候,她还能把每一天都过得忙碌而有活力。多年来,她不断与人交往、心怀怜悯和保持友善。Maureen 是 Jimmie 在得克萨斯州乡下的老家上学时,从五年级到七年级的老师。那是 Maureen 第一次教学生,年方 20 岁,比她的学生大不了几岁。但 Maureen 深深地爱着她的工作和这些孩子们。她在工作中融入了自己的热忱和喜悦,也受到了所有孩子和家长们的欢迎。孩子们也都了解她的性格,因为就算她想要严厉,但只要孩子们做些滑稽的动作就能使她忍不住笑出声来。

大约十年以前,Maureen 的丈夫去世了,她决定搬到附近一个有辅助服务的社区中心去,这样她就不会成为其他人的负担。她径直搬了进去,带着自己一贯的热情、责任心

和活力。"这是我的新家",她宣告,"这些人是我新的家人。我会很开心地融入,并且尽我所能提供帮助。"

她所提供的帮助包括:教授缝纫课程、组织每周的宾果游戏、为他人缝补衣服、管理日间锻炼课程,以及每天散两次步,每次半英里。作为一个天生乐观的女性,Maureen 会找出那些看起来孤单的人,并为他们加油鼓劲。也许这就是为什么那里的居住者和工作人员都将她称为名誉主任。Maureen 通过热情地与他人的互动来感受超越,极少诉说她自己生活中以及衰老所带来的丧失。现在社区中心的人们喜爱她,就像几十年前她的学生们喜爱她一样。

超越以及岁月流逝的真谛

在生命中的任何阶段,超越都是可以得到鼓励的。能够从日常生活的细节中去学习,并且具有超越这些细节的能力,对我们每个人来说都是有益的。与其他的美德相比,超越更有可能随着年龄的增长而自然得以加强。在岁月的累积中,我们知道生活中有什么是要去感恩的,什么能让我们开怀,什么会触动我们的心,以及什么会让我们赞美。私人定制读书会的成员经常会通过阅读、讨论各个段落,对日常中的丧失进行超越。有时他们甚至彼此争论,怎样才能使作者的想法适用于自己的生活,由此,也可以达到对日常

丧失的超越。

然而,他们最喜欢的一种超越方式是让彼此开怀大笑。歌唱家 Marilyn Maye,在 84 岁时仍然能让观众为她蜂拥而至。她认为幽默感是我们应对生活的一种最为重要的有利品质,特别是在年纪大了以后。"如果你没有的话",她建议,"紧紧抓住那些拥有这一品质的人!"

我们也认为幽默是超越的一种重要形式,值得用一个独立的章节来进行探讨。

参考文献

◆ Buchwald, A. (2006). *Too Soon to Say Goodbye*. New York: Random House.

◆ Erikson, E. H. (1959). *Identity and the Life Cycle*. New York: Norton.

◆ Frankl, V. E. (1963). *Man's Search for Meaning: An Introduction to Logotherapy*. Boston: Beacon Press.

◆ Frankl, V. E. (1973). *The Doctor and the Soul: From psychotherapy to Logotherapy*. New York: Vintage Books.

◆ Hurwitz, M., Lilly, C., and Feldman, B. (writers) and P. Feig (director). (2005). Switch Hitter[Television], *Arrested Development*. Fox Broadcasting Company: 20th Century Fox.

◆ Langer, E. J., and Rodin, J. (1976). The effects of choice and enhanced personal responsibility for the aged: a field experiment in an

institutional setting. *J Pers Soc Psychol*, *34*(2), 191-198.

◆ Lopez, S. (2013, May 15, 2013). She worked past age 100, inspired many more. *The Los Angeles Times*.

◆ May, W. (1986). The virtues and vices of the elderly. In T. R. Cole and S. A. Gadow (eds.), *What Does It Mean to Grow Old: Reflections from the Humanities*. Durham, NC: Duke University Press.

◆ Maye, M. (2013). [Personal communication].

◆ Milne, A. A. (1956). *The House at Pooh Corner*. New York: E. P. Dutton & Co., Inc.

◆ Park, C. and Folkman, S. (1997). Meaning in the context of stress and coping. *Review of General Psychology*, *1*(2), 115-144.

◆ Pausch, R. and Zaslow, J. (2008). *The Last Lecture*. New York: Hyperion.

◆ Schur, L. (Writer). (2013). Hedda. In L. M. Schur, L. T. (producer), *The Beauty of Aging*. web.

◆ Sendak, M. (2011). On life, death, and children's lit. In T. Gross (ed.), *Fresh Air*: National Public Radio.

◆ Tornstam, L. (1989). Gero-transcendence: A reformulation of the disengagement theory. *Aging* (*Milano*), *1*(1), 55-63.

第 6 章

幽默——未得到足够赏识的美德
——没有"oy"拼不出"joy"

我准备活到永远,目前一切顺利。

——史蒂芬·赖特

当你饿了,唱起来;当你受伤了,笑起来。

——犹太箴言

读书会的会员们认为人生中最重要的事除了健康,就属幽默了。本章副标题中的"oy"这个词来自意第绪语(意第绪语是中东欧犹太人及其在各国的后裔所说的一种从高地德语派生出的语言)的挽歌。其义大概是"啊噢!""噢不""呀!"。正是由于生命中有了那些尴尬的经历("oy"),我们才能体会和创造欢乐("joy"),而我们体会和创造欢乐的方式之一就是幽默。

读者 Ellen 今年 62 岁,她觉得幽默可以减少负性感受,比如攻击性和疼痛。另一位读者 Phyllis 今年 78 岁,她认

为笑可以把你带入一个不同的境界,并且这种效果可以长时间维持。通常,我们会拿害怕的事情开玩笑,以便能克服它。而在老年人中普遍存在的一种恐惧就是害怕变得痴呆,Jimmie 把它称为"阿尔茨海默恐惧症"(Alzheimerophobia)。但即使面对如此让人恐惧的话题,Jimmie 讲的故事也会让人大笑不止。故事说的是 Art Linkletter("家庭派对"和"滑稽人物"节目主持人)参观疗养院阿尔茨海默病房时,她问一个老人"你知道我是谁么?"老人非常善意地回答,"不知道",但随即老人说,"如果你去前台问一下,她们会告诉你的。"还有一对年迈的伴侣自我调侃道,"他们每个人都得了'半痴呆'(half-heimers),而两人加在一起就是完整的'痴呆'('alls-heimer'音同'Alzheimer')了。"

那么,幽默是如何让我们感受更好?

一 些 史 料

关于幽默重要性的历史可以追溯到几千年前。公元 2 世纪哈德良皇帝(Hadrian)统治罗马时,Hilaritas(拉丁语的意思为欢乐)的面孔就被印在罗马的硬币上,她是罗马神话中代表欢乐和幽默的女神。罗马人认为良好的幽默感既体现在个人美德上,也体现在公共美德上。就像人们希望的那样,不仅要追求自己内心的舒适,还要用自己的幽默去鼓舞他人。

在研究幽默的历史时,吉姆·霍尔特甚至回溯到公元前350 年前后的雅典,古希腊著名的雄辩家德摩斯梯尼生活的年代,去找寻赫拉克勒斯神庙里定期聚会的喜剧演员俱乐部。确信的是,马其顿王国菲利普曾耗费巨资请喜剧演员写下他们的笑话。罗马人编写了一本笑话集,其中最出名的是《爱笑人》(*Philogelos*),霍尔特认为它的成书时期应该在公元 4 世纪至公元 5 世纪。这些早期的笑话中在形式上会与我们今天喜欢的幽默和智慧有一些相似:

"您希望我怎样修剪您的头发?"一个话痨理发师问一个爱开玩笑的人。

"安静地!"

一个学究在远洋航行中遭遇了风暴,他的奴隶们就害怕地哭起来了。

于是他安慰他们道:"不要哭了,我在遗嘱里已经还给你们自由了!"

请注意,这两则幽默中都有一种消极的感觉。一则中有一个粗鲁的人,另一则中有麻木和死亡。就如我们看到的,这绝非偶然。

幽默在中世纪时期也有发展,主要形式有阿拉伯民间故事和第一本文艺复兴时期的笑话书,就是被人熟知的《幽

默全书》(*The Liber Facetiarum*),这本书出版时作者已经70岁了。幽默在旧英格兰也得到了足够的重视,政府成立了狂欢办公室来管理这种娱乐。宫廷小丑在国王的宫廷中占有重要地位,这也是今天政治幽默家的前身,他们的幽默也会针对政府,但他们的观众是普通群众。西格蒙德·弗洛伊德也对幽默情有独钟,他热情地收集犹太人的笑话,并分析诙谐的单词组合,例如酒节(alcoholidays)这个词(一种解释为节日通常会大量饮酒,所以酒和节日结合起来就是酒节,比如圣诞节、万圣节、圣帕特里克节等;另一种解释是一个致力于旷工和喝酒的工作日,通常是星期一)。

历史上有许多事例可以说明幽默的力量,或者说,至少是幽默让我们感受到的力量。比如在纳粹时期的德国,讲笑话需要非常谨慎,讲述反纳粹或者战败主义的笑话会被判为死罪。那段时间有一个广为流传的笑话就是一个犹太人父亲教他儿子做饭前祷告:

父亲说:"现在,在德国做饭前祷告的正确形式是,感谢上帝和希特勒。"

儿子问道,"如果元首死了要怎么祷告?"

"那你就只需要感谢上帝啦。"

今天有一种特别流行的幽默就是俏皮话,关于这种幽

默形式的发展,历史学家 Paul Johnson 追溯到了本杰明·富兰克林,也就是我们在读书会读到第一本书的作者。更被普遍知晓的是,Johnson 把富兰克林称为美式幽默的创始人。富兰克林的许多俏皮话至今还在流传。比如"没有什么事情是确定的,除了死亡和赋税"。另一些流传甚广的段子还有"如果一个人让他的医生成为财产继承者,他就是个傻子""鱼放三天发臭,客住三天讨嫌""要想让三个人保守住一个秘密,除非有两个死了"。

"有趣"意味着什么?

列出了这么多幽默的历史,但是让我们意外的是,我们对于事情为什么变得有趣所知甚少。从亚里士多德到康德,再到弗洛伊德以及其他人,有很多理论来解释幽默是什么,但似乎都很难捕捉到它的精髓。弗洛伊德在《机智及其与无意识的关系》(*Wit and Its Relation to the Unconscious*)一书中提到,"如果一个人对一个笑话发自内心的笑,这时不是研究其机制的最佳情绪状态"。卡通画家 Saul Streiberg 更进一步提出,试图去定义幽默也是幽默的其中一种定义(Schneider,1971)。

不管怎样,当我们遇到幽默时都会知道它,即使两个人对于同一件事是否有趣意见不一致。虽然不同的人发现幽默的地方经常是不同的,但我们都同意法国哲学家 Henry

Bergson 的一个观点。那就是,如果我们能够充分地超越我们的日常生活经历,让自己能够以中立观察者的立场来看待生活,许多戏剧就会变成喜剧了。

笑 的 功 效

1979 年,记者 Norman Cousins 出版了一本名叫《疾病解剖》(*Anatomy of an Illness*)的畅销书。书里讲述了他是如何通过观看 Marx Brothers 的电影来治愈自己所患的一种无法解释的炎性疾病。受他的影响,心理—神经—内分泌这个跨学科的研究领域得到了快速普及,它结合了行为科学、神经科学、生理学、内分泌学和免疫学。这个学科关注人的想法或感受与其对躯体功能影响之间的相互作用,这是非常令人兴奋的事情。尽管我们从 Marx Brothers 的电影能治病这一信念转变过来经过了很长一段时间,不过好在目前有越来越多的证据证实了笑的重要性不仅利于解决问题,也利于我们的躯体健康。例如,牛津大学的 Robin Dunbar 团队指出,观看喜剧视频的病人使用止痛药的剂量要少于观看纪录片的病人。Dunbar 相信导致这一现象的原因就是开怀大笑,因为这种笑可以用到更多面部肌肉,增加大脑内啡肽水平(一种类似阿片的物质,可以起到止痛作用);而另一些类型的笑并没有这样的效果,比如轻声笑或者闲谈时发出的咯咯笑。除

了开怀大笑,身体锻炼也可以起到这样的作用。

　　Dunbar 的团队还通过两种方式测试了病人的疼痛忍耐程度。其中一组中,研究者用冰冻的真空冷酒器接触受试者的皮肤,直到他们开始抱怨疼痛时停止。另一组中,研究者用血压计袖带包住受试者的胳膊,然后充气,直到被试说疼的时候停止。测试人员记录受试者观看搞笑视频或纪录片前后的疼痛忍耐时间。不管是上述哪一种类型的疼痛,观看搞笑视频的受试者忍耐疼痛的时间都比观看视频之前更长。相比之下,观看纪录片的受试者忍耐疼痛的时间没有增加。

　　Oswald、Proto 和 Sgroi 在 2008 年发布了一项研究报告,他们给其中一半病人播放一位英国著名喜剧人的 10 分钟喜剧片段,同时给另一半病人播放一个正剧影片片段。随后,病人需要在限定时间内完成五个两位数的加法运算。结果显示,观看喜剧视频的病人能更好地完成任务,他们在规定时间内做出正确回答的比例高出 10%。此外,所有病人都被询问观看视频前后的开心程度。结果如我们所期待的那样,观看搞笑视频的病人在观看视频之后的开心水平比观看之前有明显提高。

　　研究者 Mary Payne Bennett 和 Cecile Lengacher 得出了与 Cousins 一致的观点。他们发现了观看理查德·普莱尔(美国著名喜剧人,他是第一位马克·吐温幽默奖得主)的搞笑电影与提高免疫功能(以唾液免疫球蛋白水平为评测指

标）之间的联系。在另一项研究中,与观看正剧影片片段的人相比,观看搞笑视频时的大笑可以降低压力、增加自然杀伤细胞活性（另一种免疫功能的评测指标）。

尝试给幽默下定义

给幽默下一个定义看起来是一件不太可能的事情,但这并未阻止人们不断尝试着去完成这一任务。有人提出了优越论假设,有时我们会因为感觉比别人优越而发现乐趣。在那种情况下,一个笑话可能对所有人来说都是搞笑的,除了对那个成为笑柄的人。当我们在观看 Abbott 和 Costello 工作时,指的是在他们著名节目《谁在一垒》（Who's on First,美国经典相声节目）,我们会喜欢去发现 Abbott 更优越的智慧（相比于 Costello）,而嘲笑 Costello 的愚蠢。同时,我们也会嘲笑 Abbott 遇到的挫折感。所以我们同时在 Abbott 和 Costello 的身上获得了优越感。

另一种关于喜剧的理论是释放论,它的关注点在于幽默是如何释放紧张能量的。喜剧人 Lewis Black 把喜剧描述为"可以释放压力的音乐。在一个房间里营造压力,然后释放它"（Atria,2010）。弗洛伊德相信幽默可以通过欺骗潜意识来表达那些被禁止的想法和感受,进而释放紧张能量。这一观点跟记者 Michael Kinsley 在描述政治家讲述真相时

出现失误的情况很相似。

第三种解释是乖讹论(乖讹是指不和谐或不协调,指由于期待或者预期落空而引人发笑)。根据这一理论,我们发现了幽默意料之外或者矛盾的方面。其中一个例子是来自犹太箴言,"如果穷人能够为富人卖命,那么他们就能过上好日子"。电影剧本创作指导 John Truby 提到了一个电影中的"喜剧落差"(comic gap),它是指电影里面非常容易的任务却经历了非常麻烦的完成过程。比如电影粉红豹(*the Pink Panther*)中装模作样的稽查员 Clouseau。自嘲是另一种乖讹方式的幽默。自嘲的不协调在于人们往往会自我夸耀,而不是自我轻视。其他方式还有认真考虑无法预知的事情,或者意识到花费巨大精力去完成我们每天都要做的事情。

维克多·弗兰克尔(Viktor Frankl),国际著名心理学家,存在—分析学说领袖,意义疗法创始人)对待幽默也是非常认真的。曾经,他交代一个同事完成一项家庭作业——每天讲一个幽默故事。他和他的"病人"都是同时期的奥斯维辛集中营的受难者。有时,集中营里的人会自发地进行卡巴莱表演,把长凳围在一起,唱歌、吹牛、讲故事。当其他狱友听说有表演时,就会涌入房间里,仿佛置身于科帕卡巴纳海滩(全世界最著名的海滩之一,位于巴西里约热内卢)的首演之夜。一些人甚至为了参加这个聚会,放弃当天发放的食物供给,因为他们认为这一聚会带给他们心灵的滋养更为重要。

弗兰克尔认为幽默是一种让我们远离痛苦的装置。幽默能产生一种视角转变,按照字面意思就是——仿佛他眼中遭受痛苦的人是另外一个可怜的家伙,而不是他自己。当Mindy 回想起她儿时最丢脸的那个夜晚时,也会有这种体会。

一个来自纽约警察局的来访者

处于青春期的 Harry 是 Mindy 的弟弟,当叛逆的他没能按照规则把干净的盘子分开时,就与他们妈妈 Clara 开始了激烈的对抗。当争吵进入白热化时,被 Harry 激怒的 Clara 报了警。几分钟后,纽约警察局的四名警员就来到了她们家。

当他的妈妈试图解释为什么报警时,Mindy 感到非常难堪。起初,那三男一女四名警员看上去非常茫然,仿佛进入了阴阳魔界(*Twilight Zone*)的片段。然后,一位年长的警员说话了,他申斥 Clara 说,“女士,把盘子放错了地方不算违法,您不能因此报警。”“但是他拿屁股对着我,没大没小的!”Clara 愤怒地回击。那一刻,Mindy 真想从地板上找个洞钻进去。但是,随着时间的流逝,这就好像是一件有趣的事,并且 Mindy 已经能够把这个故事讲给别人听了。

今年 83 岁的 Sue 是读书会的另一名读者,她也有类似的经历。她记得有一次被树枝打到了头。哎呀!(Oy)当时特别疼,而现在回想起那个场景却让她发笑。于是,当时的

不愉快经历成了现在的幽默。

这一观念转变是通过两个方式实现的：第一个是保持一段距离来看待一个故事，这样更能发现幽默；另一个是发现其中的幽默，更能把今天愉快的 Mindy 和 Sue 与早先不愉快的她们区分开来。可能另一种方式也是对的，那就是我们与目前正遭受的疾病拉开距离，仿佛我们在观看其他人的搞笑困境，而不是我们自己的悲惨经历。

总的来说，读书会的读者们注意到一点，随着年龄的增长，他们更容易笑出来了。69 岁的 Mary 感觉到成年以后我们就慢慢失去了儿时对快乐的感觉，也因为害怕别人的评论而学着谨言慎行。现在，她说，当我们慢慢变老了，这感觉有点变回去了，因为我们没那么在意别人说什么了（与古代希腊人不同，Mary 感觉这是变老的一个积极方面，而不是消极的）。75 岁的 Emily 也同意这一点，现在的她对自我形象的关注变少了，但是我们有了更多可以利用的经验，并且能够欣赏生活的滑稽之处了。也是这种观点让另一名读者 Renee 大喊到，"到下个月，我和我的丈夫就结婚六十周年了，只要我没有先掐死他"。

我们在渐渐变老的同时，学会发现生活中的幽默和荒诞，也许是形成幸福 U 型曲线的重要因素。100 岁的 George Burns 说他实在是太老了，以至于连一个 3 分钟就能吃完的鸡蛋都要提前付费。他这样做的意义就不仅仅是搞笑了，

他接受了一个公认的生命中最恐怖的话题——死亡。这减弱了死亡带来的痛苦,让恐惧转变成了欢乐时刻。

从事件中发现幽默的一面可以稍微打断一下持续的不开心,在其间注入一些嬉笑欢乐。一个人只需要注意日常生活中关于变老和死亡的笑话,就可以观察这种应对机制是多么的重要,尤其是经年以后。有一点很重要,就是记住幽默可以被用来贬低那些被定义为"别人"的人,无论种族、性别或者年龄。即便如此,我们仍然认为幽默是生活中的重要美德。

Jimmie 的妈妈名叫 Velma,她在晚年的时候召集了她的孙辈来到她身边,五个孩子在听她的故事时,Velma 就感到非常高兴。她喜欢用"旧社会"的有趣故事来款待他们,这些故事让他们哈哈大笑。

Velma 的歌

Velma 就会为她的孙子孙女们唱她最喜欢的歌曲中的一首。在那之前,Velma 会跟孩子们解释一件事情,过去的人们通常会一次性拔掉所有的牙,以至于在吃一些硬东西时非常困难,比如肉。在她们的小镇上有一个咖啡店,这个店的老板就很重视这个问题,他在一个雪茄盒子里保存了一套假牙。当一个没有牙的顾客来到这里点牛排时,他就会从柜台下面取出这套假牙。当顾客吃完晚餐后,他就认

真地清洗这套假牙,然后收进盒子里,为下一个人准备着。这首歌是按照《戴上你的灰色软帽》(*Put on Your Old Grey Bonnet*)的曲调演唱的:

> Mabel,戴上假牙,
>
> 为我坐到桌前来,
>
> 快快吃吧。
>
> 当你吃完,给我假牙,
>
> 我也可以吃我的晚餐!

这提示我们幽默还有另一个用处,那就是我们可以用一种缓和的方式提出一些严肃的话题,以便于其他人能听得进去。这就是旧时代朝廷里的弄臣所做的事情。那时,他们不仅被允许在宫廷中评论他们的主人,他们也被期待着去做这样的事情。正是他们这种让人发笑的能力赋予了他们特权,准许他们说一些禁止其他人说的事情。在巨大的压力下,弄臣们有足够的自我感知将喜剧天赋转化成心理和智慧的力量感。今天的日常生活中,在一场争论中展开快速回击是让人感觉到有力量的另一种方式。有时候,我们会觉得幽默诙谐的回击方式来得太慢,以至于当时用不上,但我们还是会尝试找出一个幽默来,以便我们至少能在事后感觉好一点。

现实版本的弄臣是政治幽默家们,他们意味着娱乐的

同时,也意味着批判。喜剧演员经常这样做——他们在让我们嘲笑他们的同时,也指出了我们的弱点。就像 Viorst 一样,用她的幽默来批判那些试图把他们的父母当成孩子看待的成年子女。

我们可以看到幽默在众多美德中起到的作用。例如,我们在听一个笑话的同时获得了新的洞察力。幽默给了我们勇气来超越生命中恐惧的时刻,或者通过一个可接受的方式来表现智慧。当我们让别人笑起来的时候,可能也传递给了他们超越生命中恐惧时刻的勇气,同时也有助于培养我们的美德和与我们在一起的感觉。这就是为什么古罗马人认为幽默既是一个私人美德,也是一个公众美德——接受生活呈现出来的样子,淡化改变不了的事情,认识到我们同样都背着沉重的关于存在的负担。

关于变老的幽默语录

如果你放弃所有促使你想活到一百岁的东西,你就能活一百岁了。

——Woody Allen

生命是一种性传播疾病,死亡率百分之百。

——R.D.Laing

让丈夫去做一件事的最好方法就是暗示他可能已经老

到做不了那件事。

——Anne Bancroft

不用着急去回避诱惑。等你老了,诱惑就会回避你了。

——Winston Churchill

剧院里,George S.Kaufman 撞见一个老朋友,一本正经地说道:"天啊! Peggy,你还活着呀!"

阅读健康类书籍时要小心,你可能因为印刷错误而死掉。

——Mark Twain

终有一天,健康拥护者们躺在床上,求死无门时,他们也会感到自己的愚蠢。

——Redd Foxx

我感觉身体轮廓完全走样了,所以医生让我去参加一个老年人的有氧运动班。我弯腰、扭动、旋转、跳跃,出了一个小时汗。当我终于把紧身连衣服穿上的时候,下课了。

记者问到:"您认为在 104 岁这个年纪,最好的事情是什么?"

104 岁的老妇人回答:"没有同伴压力了。"

我肯定已经老了! 我做过两次搭桥手术,置换了一个髋关节,膝盖也是新的。还要对抗前列腺癌和糖尿病。我

也聋了一半了,音量低于喷气发动机的声音一概听不见。服用40多种药物让我头晕、气喘,容易黑蒙。我几乎感受不到我的手和脚了。也记不住我现在是85岁还是92岁。我失去了所有的朋友。不过,感谢上帝,我还持有驾驶证。

一个老妇人决定准备她的遗嘱,并且跟牧师说她还有最后两个请求。第一个是她希望死后被火化,第二个就是她希望把骨灰撒在沃尔玛超市里。"沃尔玛?"牧师大叫到,"那样的话,我的女儿就一定每周来看我两次。"

我正在跳摇摆舞,并不是我有意为之。只是我身体的某些部分很容易摇摆。

当你开始发出咖啡机一样的噪音时,就很恐怖了。

别让变老击垮你,因为那样你就很难再爬起来了。

一个老态龙钟的祷告者说:"请赐我以忘性来忘记那些我讨厌的人,请赐我以好运来遇见那些我喜欢的人,同时请赐我以视力来分辨这两种人。"

如果这件事你不同意我,我就不让你入祖坟。

请记住：并不是因为变老而停止笑，而是因为停止笑所以才变老。

一个老年男子去看医生，询问如何能活得更久。医生说：好的，你可以戒烟、戒酒、戒女人。这样虽然不一定能活得更久，但会让你度日如年。

参考文献

◆ Abbott, W. A., and Costello, L. (unknown). Who's on first? Retrieved October 10, 2013, from wimp. com/abbottcostello/

◆ Atria, T. (2010, March 8, 2010). Catching up with... Lewis Black. *PasteMagazine. com.*

◆ Bennett, M. P., and Lengacher, C. A. (2006). Humor and laughter may influence health. I. History and background. *Evid Based Complement Alternat Med*, 3(1), 61-63.

◆ Bennett, M. P., and Lengacher, C. (2008). Humor and laughter may influence health: III. Laughter and health outcomes. *Evid Based Complement Alternat Med*, 5(1), 37-40.

◆ Bennett, M. P., and Lengacher, C. (2009). Humor and laughter may influence health IV. Humor and immune function. *Evid Based Complement Alternat Med*, 6(2), 159-164.

◆ Bergson, H. (1924/2009). *Laughter: an essay on the meaning of the comic.* Paris/London: Alcan/Project Gutenberg.

◆ Cousins, N. (1978/2005). *Anatomy of an Illness: As Perceived by the*

Patient (twentieth anniversary edition). New York: W. W. Norton.

◆ Dunbar, R. I., Baron, R., Frangou, A., Pearce, E., van Leeuwen, E. J., Stow, J., Partridge, G., MacDonald, I., Barra, V., and van Vugt, M. (2012). Social laughter is correlated with an elevated pain threshold. *Proc Biol Sci*, *279* (1731), 1161-1167.

◆ Frankl, V. E. (1963). *Man's Search for Meaning: An Introduction to Logotherapy.* Boston: Beacon Press.

◆ Freud, S. B., A. A. (1938). *The Basic Writings of Sigmund Freud.* New York: The Modern Library.

◆ Holt, J. (2004, April 19, 2004). Punch line: The history of jokes and those who colect them. *New Yorker*, 184-190.

◆ Johnson, P. (2010). *Humorists: From Hogarth to Noel Coward.* New York: Harper Collins.

◆ Morreall, J. (1997). *Humor in the Holocaust: Its Critical, Cohesive, and Coping Functions.* Paper presented at the 27th Annual Scholars' Conference on the Holocaust and the Churches, Hearing The Voices: Teaching the Holocaust to Future Generations, Tampa, Florida. http://www. holocaust-trc. org/humor-in-the-holocaust/

◆ Oswald, A. J. ; Proto, E; Sgroi, D. (2009). Happiness and productivity. *IZA Discussion Paper*, *4645.* Retrieved from Social Science Research Network website: http://ssrn. com/abstract=1526075

◆ Schneider, P. (1971). *Louvre Dialogues.* New York: Atheneum.

◆ Truby, J. (2010). *Great Screenwriting.* Audio class. Truby Writers Studio. http://www. writersstore. com/trubys-great-screenwriting/

◆ Viorst, J. (2005). *Role Reversal I'm Too Young to Be Seventy, and Other Delusions* (pp. 58-59). New York: Free Press.

第 7 章

人性与社会正义
——仁者人也

> 当我年轻的时候,我曾钦佩聪明的人。现在我老了,我钦佩善良的人。

——亚伯拉罕·约书亚·赫舍尔 (Abraham Joshua Heschel),
神学家,讲给住养老院的人们

> 30 岁的时候,我们都试图用大写字母在生命之屋的墙壁上刻画我们的名字,二十年过去了,我们或已将其刻好,或已合上了我们的折叠刀。然后我们准备好帮助别人,并且不再担心妨碍任何人,因为没有人挡在我们的路上。

——奥利弗·温德尔·霍姆斯 (Oliver Wendell Holmes),
《早餐桌上的独裁者》

《银翼杀手》是有史以来最著名的科幻电影之一,故事借由机器人让我们思考人性到底意味着什么。电影拍摄于

1982 年,改编自 Phillip K.Dick 的小说。故事展示了 37 年后残酷的反乌托邦景象。大地上几乎看不到阳光,一切都是灰色和黑色的。人们在互相争斗和欺骗,毫无人性可言。电影名中的"银翼杀手"是被雇佣去消灭复制人的警察,这些复制人是看起来像人的机器人,尽管他们的寿命只有短短 4 年,但超人的力量使他们成为人类潜在的威胁。电影中的英雄 Deckard 是银翼杀手中的精英,他一个接一个地追捕复制人。一位复制人在与 Deckard 的打斗中说道,"生活在恐惧中是痛苦的",最后他被 Deckard 杀死。

　　当我们的英雄追捕复制人领导者 Roy 时,他遇到的不仅仅是一个对手。局势反转,人类和机器人的斗争不死不休。在电影末尾,当 Roy 倒下时,银翼杀手也挂在屋檐上摇摇欲坠。随后令人震惊的一幕出现了,复制人突然向银翼杀手伸出援手,并在自己瘫倒之前将 Deckard 拉到了安全的地方。当一切都结束之后,狼狈而困惑的 Deckard 试图理解刚刚发生的事情:"我不知道他为什么要救我。也许在那最后时刻,他比以往更热爱生命。不只是他的生命,而且是任何人的生命,包括我的生命。他和我们都想要同样的答案:"我从哪里来? 我要到哪里去? 我还可以活多久?"非人类给 Deckard 上了关于人性的一课。

联　系　感

　　所以,我们所说的人性到底是什么呢? 从字面意义来说,它只需要你是人就可以。但是,当我们谈到人性时,通常意味着更多。63 岁的女商人 Laura Slutsky 说:"我喜欢这个词。它带来了善良、爱、崇高的想法、关怀、奉献和慷慨的精神。"人性指的是一种联系感,是相互分享我们最好的一面的时候的感觉,甚至是与其他非人类物种分享,如 Laura 心爱的狗 Boo-boo 和 Shayna Punim。也许马丁·路德·金说得最好,他举了一个例子:"我们谁都逃不出这个相互依存的关系网,它将我们包裹在命运织成的衣襟之中。凡事若直接影响到一个人,都会间接地影响到其他人。"

　　我们对人性的定义指的是一种友谊,通过这种友谊,我们学会彼此关心,相互理解,并对彼此负责。虽然这种重要的美德听起来像是一个被吹嘘的概念,但实际上它建立在具体的人类成就之上。如果感觉不到自己是团队的一员,我们就不会合作;我们将无法建立能够凝聚才智的社会或教育系统。合作会给予我们力量,没有合作的方式,这种力量是无法得以实现的。也正是通过这种方式,我们能够建立桥梁、发现疾病的治疗方法,并以百万种不同的方法推动社会发展。

但具有讽刺意味的是,当我们还是孩子时,最初可能是通过竞争开始了解到关于人性的概念的。"我们"与"他们"对抗的事件强化了"我们"的概念,即有着共同目标并有着实现这一目标的同志情谊的一个团队。共同享有的人性所需要的是扩大这个圈子,以便我们都感觉到我们在同一个团队中。当我们年龄越大,我们就越有机会找到这种共同点,但重要的是对这一点不要过于感情用事。当我们年龄越大,看到的自私的行为就越多,包括我们自己,我们也同样需要学会保护自己。正因为人性拥有难以融合的对立面,当它感受到真诚时,才能如此特别与振奋人心。当我们了解到人们居然可以如此冤冤相报时,我们才会领悟善待彼此的意义。

人类的总统

虽然我们已经多次提到过他,但很难不再提到这个我们生命中发生的、最激动人心的人性美德的例子。这个例子体现了人性的意义以及具体实现它的方式。当纳尔逊·曼德拉(Nelson Mandela)带领南非进入自由世界时,他为他的同胞就如何能够学会和平共处树立了一个非常勇敢的榜样。当他成为总统时,他最初的决定之一就是不解雇前政权的员工。相反,让他们留下来继续和他一起工作。他甚至将前任总统的私人保镖视为他自己的保镖,将

他的生命交给那些不久前还在追捕他的人。总统警卫团的人反而学会了欣赏和爱戴曼德拉。英国政治家托尼·本恩（Tony Benn）甚至将曼德拉描述为"人类的总统"（Carlin，2008）。

曼德拉在他 70 多岁时完成这一切不足为奇。他利用发自内心的人性来制定策略，鼓励他人找到自己的人性。讽刺的是，曼德拉说他在人性方面最大的受益是发现自己和他人的人性，这来自于他在臭名昭著的罗本岛监狱度过的漫长岁月。这个监狱用于关押反对白人统治的人。在如此不人道的对待下，曼德拉决心撇开智能层面，把他的敌人作为人类去了解。曼德拉年纪越大越睿智，在具备了这样的认识之后，他也能鼓励他的敌人这样做。

对人性概念的分享穿越时光和文化。在南非，它被称为乌班图（ubuntu），可理解为我们是"同一棵家族大树的所有分支"；在博茨瓦纳，它被称为博托（botho）。来自古代的拉比（犹太教教士）希勒尔说过，"在一个没有体面人（mentsch，依地语）的地方，努力成为一个正派体面的人"。如果在某个地方没有人的举止能体现出人性，你就必须表现出人性，也许其他人会向你学习。希勒尔的看法在世界各地的许多不同文化中得到了回应，也被称为黄金法则——己所不欲，勿施于人。

当缺乏这种重要的美德时,人们会更容易接受和理解它。例如,一个著名的文学案例研究告诉我们什么是做一个人,或者正派体面的人(mentsch),或者有乌班图式的举止。"Ebenezer Scrooge 是一个刻薄、扭曲、贪婪、爱控制和妄想的老罪人! ……隐秘、沉默寡言、孤独地像个牡蛎"(狄更斯,《我们》,1858)。但也许他老年时的救赎并非偶然。如何描述救赎后的他? 文中提到"他去教堂,在各条街道上徜徉,看着来去匆匆的人们,摸摸孩子们的脑袋,和乞丐们搭讪几句……低头见厨下,举首望窗栏,他发现一切都可以让他感到愉快"。换句话说,Scrooge 学会了将自己作为他周围更大世界的一部分,成为家族树的一个分支。仁慈和善行不是出于刻意的决定,而是由于它们给了他快乐而随之自然而生。从狄更斯时代以后,一直有研究支持这种描述。

例如,2008 年,心理学家 Elizabeth Dunn 和她的小组的许多研究表明,为他人花钱可以提高我们的幸福感。无论金额大小,比起为自己花钱,人们在为他人做慈善或给朋友买礼物而花钱时都会感到更加满足。2013 年,Lara Aknin 及其同事在 136 个国家,包括富裕国家和贫穷国家中,都观察到了这种相同的关系。研究者要求受试者回想一下他们生活中这样的瞬间,即在他人身上花钱的时候,是否提高了他们的幸福感。正如 60 多岁的作家 Linda Moore 所说:"我最

有意义的经历来源于帮助他人,即使只是通过做一件具体的小事。"

2005 年,心理学家 William Brown 及其同事,在平均年龄 75 岁的老年人中,研究帮助的意义。他们发现以花费时间、金钱或提供物品的方式帮助他人,提高了老年人的幸福感。此外,即使考虑到不同的人有不同的给予能力这一事实(或是因为资源不足,或是因为健康或其他因素),帮助他人仍与拥有更好的健康状况有着一定联系。

同情心和神入感

那么,这种人性美德的基石是什么?(这是不是表明只有人类拥有这样的能力?)

第一块基石是同情心:能够对其他遭受痛苦的人报以同情或悲伤。很容易想到的例子有,我们所爱的人因疾病、失败、背叛或任何生活中的负面经历而遭受痛苦。一个人感受到痛苦,但也感受到无助,你所能做的就是尝试去分担这些情绪。

同情不仅存在于人类中,也存在于我们出现之前的动物身上。有人曾经观察到两只猿,一只年龄较大,一只较年轻。年长者在与另一只成年猿的战斗中失利了。年轻的猿则透露出悲伤的情绪,他以同情的方式安慰他的老朋友。

当然，并不是所有猿猴都会一直安慰其他个体。但是，人类也不会一直以"人性"行事。我们最好记住，引发出彼此最好的一面的方法其实就是意识到自我的存在。当曼德拉描述他对南非白人文化某些特质的尊重时，他的主要敌人之一，南非白人将军 Constand Viljoen 不禁被感动，"曼德拉说过……南非白人对他保有一种人性……如果是南非白人农场中工人的孩子生病了，农场主会用他的皮卡带着孩子去医院，打电话询问孩子的情况，带他的父母去看他并且行为得体……"

卡内基·梅隆（Carnegie Mellon）教授、兰迪·鲍什（Randy Pausch）提醒到，找到最好的人是一项艰苦的工作。"……你可能需要等待很长时间，有时是几年，有时是十几年，但人们会向你展示他们的好方面……每个人都有好的一面，只要等待，它就会出现"。对遭受苦难的人报以同情只是一个方面，为此做些事情则是朝着人性美德的方向迈出的更大的一步。Jimmie 的家人就是一个将同情践行的典范。

热心的女人，她的世界里没有陌路人

Jimmie 的母亲 Velma Coker 无论去哪儿都广交好友。这些品质令 Velma 在 85 岁时，还在向得克萨斯州农村社区的人们出售保险。这种外向的品质和对人的热爱也促成了她的无私奉献，尽管她并不认为这很特别。在 20 世纪 30 年

代,生活贫困的老年人想要取出养老金时,必须填写文件证明他们的出生日期才能获得资格。但是许多老年人,特别是非洲裔美国人,没有出生记录,有些人既不认字也不太会写字,无法填写必要的文件。

所以,Velma 会开车去到他们家,并问:"你出生时谁在你母亲旁边? 我们可以找到了解你出生情况的哪个人吗?"然后她会找到那个可以证明他们出生情况,并帮助他们提交申请的人。她认为帮助需要帮助的人是她的一部分义务。她的处世哲学是,生活中最重要的是你为同胞所做的事。她经常说,我们应该让这个世界因我们而更美好。

Tessie Hilton,55 岁

50 岁的 Tessie 再次回到学校时,她的压力和生活满意度都有所增加。在那次改变之前,她是一位幸福的结了婚的代课老师,在郊区过着舒适的生活。当她最小的儿子进入高中时,Tessie 知道她即将迎来空巢生活。她意识到有些事正困扰着她。她年迈父母的现状使她对自己的未来和她与周围世界的联系感到疑惑。她的父母似乎非常满足,并且婚姻非常幸福。但是 Tessie 注意到他们并没有特别关注与外界交往。

与此同时,她遇到了其他 80 多岁和 90 多岁的老年妇女,她们作为医生和修女在外界非常活跃。她知道自己喜

欢哪一种未来,所以她改变了中年的生活,然后回到学校为了成为一名咨询师。在学校期间,她发现了一些令她自己惊讶的事情。她特别喜欢为疾病晚期或临终的患者提供咨询,这些人常常感到与外界脱节。她发现自己的工作很打动人、充满活力,且非常令人欣赏。她希望在接下来的几十年里继续这个工作,就像那些激励她的人一样。

　　除了能够感受到他人的痛苦之外,如果我们能够真正理解他们的想法和感受,我们能更好地帮助他人。Paul Ekman 博士给医学院新生上课时发现,这些学生在了解症状方面往往接受了更多地训练,了解患者感受方面的训练就差很多。"某些你知道没理由害怕的事情,病人却害怕得不行,对这些病人表现出同情心是对你人性的检验……不要因为你知道这些恐惧不是以现实为基础就觉得不值得你去关注……"。

　　换句话说,人性美德的另一块基石是站在对方的角度,了解他/她对事物的看法,以及无论你是否真的分担他们的感觉,你都要能够与他人感同身受。就像古老的美国原住民说的那样,"为了感受别人,你必须想象你正在穿着他的鞋走路"。

　　有时候,移情必然是不对等的,对于不同时代的人来说也是如此。例如,Jimmie 可以移情 Mindy 的感受,想起自

己 50 岁的时候也是夹在年长的父母、苛刻的职业和孩子之间。但反过来却不大可能，毕竟 Mindy 还不知道 85 岁会是什么样。事实上，老年人常常会感到他人难以理解自己的处境。

Eddie Weaver，80 岁，读书会成员

有时，我觉得孩子们会向父母投射他们自己对老年人的看法，这与我们的实际感受无关。例如，虽然没什么证据，但孩子们还是会建议我在达到某个年龄之后就不要开车了。他们可能觉得这并不是什么大不了的事情。但如果我说他们不能开车是因为他们的年龄问题而不是因为缺乏能力，他们才会意识到这是一个大问题！

Renee，75 岁，读书会成员

我的两个儿子都成年了，他们很棒。但一个认为我以前习惯做的事，我都不能再做了。另一个认为我完全可以做我过去所做的一切。

他们都错了！

神入听起来是一个简单的词，但实际上这需要颇费周折，只有这样才能理解别人的观点，意识到别人的世界看起来有多么不同。

移情和 Mindy 的头痛

作为 II 期的乳腺癌幸存者,Mindy 经常担心头痛或新肿块可能表示疾病复发了。当她打电话给她的医疗团队咨询她的最新症状时,即使他们向她保证这没什么,但他们仍小心翼翼地关注她的恐惧情绪。"对一位癌症幸存者来说",她的护士曾告诉她,"头痛从来就不只是头痛"。而正是因为 Mindy 认为她的护士理解她的担心,护士的话才具有预期的安慰效果,而不是敷衍。医疗团队的移情不仅仅是安慰,更是照顾的重要部分。如果她感到的是居高临下的关注,那么在出现真正需要进一步检查的症状时,Mindy 可能会犹豫是否要告诉医护人员。

即使当复制人和 Deckard 在相互残杀时,复制人告诉他"生活在恐惧中是痛苦的",他也真的尝试进入这个敌人所感受的世界。复制人希望人类了解被猎杀的感觉。当 Deckard 被 Roy 追捕时,他终于明白了学会感同身受是他获得人性的非常来之不易的第一步。

同情和神入需要能够理解另一个人当下的感受,并且能够感同身受。这说起来容易做起来难,因为它还涉及承受这种痛苦的能力,如果我们过去遭受过类似的痛苦,也就等于是要能承受对自己痛苦的记忆。

痛苦、同情和联系

当 Mindy 年轻时,她曾被一位年轻人拒绝,他喜欢的是 Mindy 的闺蜜。Mindy 一个人坐在父母的客厅里,在电视上看了一些老电影,为自己感到难过。Mindy 的母亲 Clara "假装偶然"凑过来。她们母女关系一直不太好。作为一名大屠杀难民,Clara 常常很难与 Mindy "舒适的"美国生活和无聊的困惑产生共鸣。

但这一次不同,Clara 开始主动谈论多年前她的堂妹抢走她男朋友的那段时光。后来,Mindy 的父亲 Archie 加入了他们,讲述了发生在他身上的类似经历。这些以前都从未成为聊天的主题,但是 Mindy 深受感动。她的父母没有提供任何建议,但他们告诉她,他们确切地知道她的感受,他们非常理解同情,并且告诉她她并不孤单。这次是 Mindy 与父母最亲近的一次,她至今仍记得自己对父母安慰的感激之情。

我们之前提到的 Linda Moore 描述了她 50 多岁时发生的变化。当时她觉得自己开始能更好地进入其他人的感受之中。她说:"我准备好接受了,我真的对其他人和他们的想法感兴趣,对我可以为他们做些什么感兴趣。"

人性不仅仅帮助人们应对生活的负面影响,同时它也

是积极的,我们可以分享或让大家来分享快乐。Pausch 教授在他的讲座中告诉我们他的一个主要目标:"我是一名教授,应该从经验中汲取教训,并利用你今天听到的内容,来实现你的梦想或帮助他人实现梦想。随着年龄的增长,你可能会发现'让别人的梦想实现'其实更有意思"。

善　良

人性的另一个要素是善良,一种热心的态度,这使我们不仅要减轻他人痛苦,还要为彼此带来幸福。对于善良的给予者和接受者来说,它的效果都很强大。在锡拉丘兹大学的毕业演讲中,著名作家乔治·桑德斯列出了许多他一生都没有后悔的事情,比如时常生活贫困、从事可怕的工作或者在充满猴子粪便的河里闷闷不乐,这使他病了几个月。他说:"在我的生命中,最让我感到遗憾的是善良的失败。"他的演讲对人们产生了深远的影响,很快就有很多重要的报纸、博客和网站发布了他的演讲文稿。"如果你错了",他建议毕业的老年人,"请犯好心的错误"。

善良可以是一个大的举动,就像 Pausch 试图帮助他的学生实现作为计算机科学家的宏伟梦想一样。或者它也可能是一个小小的举动——在糟糕的一天工作之后,一个来自邻居的微笑;或者对于 Mindy 来说,善良就是每天她的朋

友在她接受化疗时给她讲的笑话。曼德拉赢得反对种族隔离战争后想要做的一件事,就是帮助南非的白人可以像"这个世界上的公民一样做人"。

正如 Pausch 提到的那样,有时随着年龄的增长,我们特别喜欢帮助他人实现目标。如果我们已经实现了我们的目标,希望分享这种愉快的体验。如果我们没有实现目标,我们帮助他人会使我们感到更加甜蜜,这就像最好的事情发生在我们自己身上一样。我们喜欢做有用的人。通常情况下,当我们年纪较大并且不再负有责任时,当我们不再是上有老下有小时,我们可以更加享受这种体验。记得 60 多岁的退休工程师 Nancy 评论到:"现在是时候生长了! 你必须不遗余力地与人交往! 我喜欢这个世界,就像技术一样,它使大家更容易联系起来。"

读书会会员,67 岁的玛丽莲评论到,当她善意对待他人时,人们,尤其是年轻人,往往会感到惊讶。她希望老年人对年轻人的善意能激起后者相似的感受,他们可能会在下一次与长者相遇时想起它。但是,玛丽莲强调,因你自己的意愿去给予或善待是很重要的,而不是因为你想得到回报。真正的善意感觉是很特别,因为它是作为礼物赠送的,而不是放出的一笔贷款。

体验营(ExperienceCorp.org)是一个充分利用内城社区未开发资源的组织,这是一个由美国退休人员协会赞助的

项目,始于 20 世纪 90 年代中期。它开始于马里兰州的巴尔的摩,并且已经发展到十几个州。体验营招募退休的中年人和长者去公立学校做志愿者。这样孩子们会有一个借来的"祖父母"来帮助他们阅读,而且老年人也喜欢帮助有需要的孩子。

　　人性善的表达不仅有利于良好感受的产生,而且也会有利于完成具体的事情。研究表明,孩子们的阅读能力得到了显著提高,长者们不仅喜欢自己有用的感觉,而且总体上他们的自我感觉更好。此外,2009 年的一项研究发现,由于积极地投入,老年人的心理状态更好了。

　　人类也可以以更平和的方式体验。Mindy 记得在刚开始当妈妈的时候,推着婴儿车里的儿子一起穿过花园,并与其他疲惫的新父母分享她的经历是多么的舒服。他们会比较各自的黑眼圈,分享他们不知道如何表达的美妙感受,或者只是描述嗅到新生儿皮肤的甜美感觉。正是因为他们在一起,让又大又冰冷还充满竞争的纽约市感觉就像一个友好的小镇。

合作、竞争和社会正义

　　合作与竞争之间的这种平衡可以产生神奇的伙伴关系。举一个有趣的例子,约翰霍普金斯大学计算机科学专

业 3 个班的学生通过合作,颠覆了教授利用竞争作为激发动力的方式(Budryk,2013)。通常,Peter Froehlich 教授以正态曲线的方式评分,给予最高分学生 A,相应分配其余成绩,这种最普遍的评分方法会使学生互相竞争。因此,学生们以不同寻常的方式反击——他们同意一起抵制他的考试。他们都在考场上出现了,好像要参加考试一样,但每个学生坚定不移地拒绝参加考试。一旦有人违约了,所有人就都得进入并参加考试,但没有人这样做,结果他们都得了零分。按教授的概率分布法,零意味着就是最高分,应当得 A。Froelich 教授知道他输了,并且给了每个人 A。

与安慰他人的能力一样,合作的意向和能力似乎具有进化意义,因为它们不仅适用于人类。研究灵长类的动物学家 Frans de Waal 发现动物经常相互合作以获得奖励。在一项名为"大象知道什么时候需要一个帮助它的鼻子"的精彩研究中,Waal 和他的同事 Josh Plotkin 发现,如果大象不得不拉一个装有食物的重型装置,它们将共同努力。(Plotkin 等,2011)。

关键词是"如果不得不"。研究者将放有食物的平台连接到绳索上,绳索的两端穿过墙上的孔。该平台位于墙的一侧,两只大象位于另一侧,每只大象站在其中一个洞的旁边。如果只有一只大象拉过面前的绳子,那么另一只大象的绳子末端就消失了,平台(以及它上面的食物)也不会移

动。但是,如果两只大象同时拉动,他们可以将平台拉得足够靠近墙壁,以便他们的鼻子可以穿过这些洞来获取食物。大象们正是按后面的方法做的。然而,当一只大象早早到达墙壁时,他做了一些有趣的事情。他牢牢地踩住绳子,但根本没拉,让另一只大象做所有工作。因此,不劳而获并非人类独有的特质。

在其他研究中,Waal 和同事 Sarah Brosnan 发现动物在意实验者是否公平地对待它们。当一只卷尾猴在同一项任务中获得的奖励低于邻居时,他会毫不夸张地把奖励扔到实验者的脸上。有趣的是,甚至有一些例子,当猴子看到他们的伴侣得到的奖励较小时,他们会拒绝更好的奖励(Brosnan 和 Waal,2003)。

当我们看到别人的痛苦并且我们有勇气时,我们会努力纠正世界的不公,有时即使我们处于危险之中。帮助犹太人和纳粹受害者逃脱大屠杀的普通人,民权运动的许多烈士都是历史上的一些例子。73 岁的退休社工人、读书会会员 Joe 指出,即使是最年轻的年龄,"不公平!"这句话也会引起他们的共鸣。每个人都会对不公正的感觉做出反应。

Larry White:人性显得最重要的地方

有一群老人很少会被人想到——美国大量的老年囚

犯,Larry White 就是其中之一。在两次申请假释失败后,Larry 甘愿屈从长期监禁。当他与自己的抑郁症斗争时,他开始意识到周围男人的悲伤,他们正在服无期徒刑,并且没有任何希望去过另外一种生活。他认识到,悲伤和愤怒并没有帮助他们与负责他们的管教人员更好地相处,这使他们已经糟糕的情况变得更糟。

起初,Larry 开始与个别囚犯私下谈论他们的共同经历。不久,他获准将囚犯分成小组,看看他们可以做些什么来改善他们的命运。他劝大家:"看! 这座监狱其实是你的家,你将住在这里。那你怎么能让它变得更好?"然后,Larry 与管教人员和政府官员进行了交谈,要求他们根据囚犯们需要的做出一些改变,往往能取得成功。这些微小的变化有助于促进囚犯和管教人员之间发展更好的关系,给他们一些希望和可控感,即使是有限的。慢慢地,男囚犯的态度开始发生变化。他们彼此合作,并与监狱工作人员一起工作,来让他们不是很满意的家变得更好。随着时间的推移,Larry 开始了他的"给活着的人生活的希望"项目,该项目请精神科医生、神职人员、教育工作者和其他人来到监狱,以帮助解决囚犯们的问题。他还为老年囚犯开设了一个教育项目。

Larry 在纽约州监狱服刑 32 年后最终被假释。现在他70 多岁了,仍继续他的倡导工作,其中包括举办研讨会,探

讨年龄过高的问题。他将监狱中的男性称为"他的男孩"，当他与老年人一起工作时，他觉得最有家的感觉。

Larry 和像他一样的人，提醒着我们都有能力去具备人性。对他人的人性认识越深，我们就更想要、也更有能力进一步培养自己的人性。Laura Slutsky 建议，随着年龄的增长，我们有责任帮助年轻人培养他们的人性。"不只是老年人，年轻人也有人性善。但我认为人性就像一朵美丽的花朵，随着年龄的增长而开放。我们可以向年轻人传授人性。它需要得到培养，赞赏和尊重。"

也许 Edwin Markham 在他的诗《智取》(*Outwitted*)中总结得最好：他画了一个圈，将我排斥在外：异教徒，反叛者，可鄙的东西。

但爱与我同在，我们有获胜的智慧：我们画了一个圈，让他进来！

参考文献

◆ Aknin, L. B., Barrington-Leigh, C. P., Dunn, E. W., Helliwell, J. F., Burns, J., Biswas-Diener, R., Kemeza, I., Nyende, P., Ashton-James, C. E., and Norton, M. I. (2013). Prosocial spending and well-being: cross-cultural evidence for a psychological universal. *J Pers Soc Psychol*, *104*

(4),635-652.

◆ Brosnan, S. F., and De Waal, F. B. (2003). Monkeys reject unequal pay. *Nature*, *425* (6955), 297-299.

◆ Brown, W. M., Consedine, N. S., and Magai, C. (2005). Altruism relates to health in an ethnically diverse sample of older adults. *J Gerontol B Psychol Sci Soc Sci*, *60* (3), P143-152.

◆ Budryk, Z. (2013, February 12, 2013). Dangerous curves. *InsideHigherEd. com.*

◆ Carlin, J. (2008). *Playing the Enemy: Nelson Mandela and the Game That Made a Nation.* New York: Penguin Press.

◆ Carlson, M. C., Erickson, K. I., Kramer, A. F., Voss, M. W., Bolea, N., Mielke, M., McGill, S., Rebok, G. W., Seeman, T., and Fried, L. P. (2009). Evidence for neurocognitive plasticity in at-risk older adults: The Experience Corps program. *J Gerontol A Biol Sci Med Sci*, *64* (12), 1275-1282.

◆ Davis, A. (Ed.) (1980). *Pirkei Avos: A New Translation and Anthology of its Classical Commentaries.* New York: Metsudah.

◆ Dickens, C. (1858). *A Christmas Carol.* London: Bradbury and Evans/ Google eBooks.

◆ Dunn, E. W., Aknin, L. B., and Norton, M. I. (2008). Spending money on others promotes happiness. *Science*, *319* (5870), 1687-1688.

◆ Ekman, P., and Lama, D. (2008). *Emotional Awareness: Overcoming the Obstacles to Psychological Balance and Compassion.* New York: Henry Holt and Co.

◆ Fancher, H., Peoples, D. W., and Dick, P. K. (writers) and R. Scott (director). (1982). Blade Runner[Motion Picture]: Warner Bros.

◆ Holmes, O. W. (1873/2013). *The Autocrat of the Breakfast-Table*. Boston: James R. Osgood & Company/Project Gutenberg.

◆ King Jr., M. L. (1964). *Letter From a Birmingham Jail: Why We Can't Wait* (pp. 85-110). Boston: Beacon.

◆ Lovell, J. (2013, July 31, 2013). George Saunders's advice to graduates, Web. *The New York Times*.

◆ Pausch, R. and Zolotow, J. (2008). *The Last Lecture*. New York: Hyperion.

◆ Pirkei Avot: Sayings of the Jewish Fathers. (2005). Translated by J. I. Gorfinkle. Public Domain Books.

◆ Plotnik, J. M., Lair, R., Suphachoksahakun, W., and de Waal, F. B. (2011). Elephants know when they need a helping trunk in a cooperative task. *Proc Natl Acad Sci U S A*, *108*(12), 5116-5121.

◆ Stengel, R. (2009). *Mandela's Way*. New York: Crown Archetype.

第 8 章

勇气
——如果这是我仅有的精神力量

> 勇气是所有品质中最重要的。因为没有勇气，你就无法始终如一地践行其他美德。
>
> ——Maya Angelou，致康奈尔大学 2009 级学生的话
>
> 船只停泊在港湾固然是安全的，但这并不是造船的目的。
>
> ——John Shedd，《我的箴言集》
>
> (*Salt from my Attic*)，1928

希腊人将勇气视为美好人生中最基本的美德之一。勇气和毅力往往在人们面临外部威胁时体现，例如，在战争中生命安全受到威胁时；又或许是需要去面对一项长期的威胁，比如严重的疾病时。另一种勇气并非来自于外部而是产生于内心——为可能导致不利后果的信念或信仰挺身而出的道德力量。许多神圣的宗教传统中，包含着大量关于人们在极大威胁面前不屈不挠的故事。勇气并不意味着无

畏,相反地,它表明我们心存畏惧,却能战胜畏惧。

本章节中的故事提醒我们,勇气会体现在各个年龄阶段的人身上。有些人似乎生来就具备勇气,而有些人则在后天培养锻炼出了勇气,这样的勇气往往诞生于长期与逆境斗争的过程中。举个例子,失去爱人可能看上去是一件完全无法想象的事情,然而当它真的发生时,勇气便会从一些令人惊奇的内心力量中生成,让我们能够应对这一巨大打击。勇气是会蔓延的,它会鼓舞有着相同境遇的人,也能激发出人们潜在的美好人性和信念。

被他人的勇敢所鼓舞:Mindy,2001 年 9 月 11 日

Mindy 永远不会忘记"9·11"事件那天,疾速驶过她身旁奔向世贸大厦的消防车和警车所发出的警报声。所有人都跑出大楼逃生,但消防车和警车上的人们却冲进了大楼。Mindy 原本计划那天早上带着她当时 5 岁的大儿子 Max 去其中一座楼的观光平台游览,但由于那天是幼儿园开学第一天,他们决定将计划推迟到上午晚些时候。感谢命运的转折,袭击发生之时,他们离大楼还很远。

在袭击的余波中,Mindy 会难以控制地回想他们幸免遇难的那一刻,甚至走在上西域街区时都会感到恐惧,害怕自己臆想出来的爆炸声或其他什么东西,她也说不清楚。每次出门她都很恐惧,带着 Max 或者她那还是婴儿的小儿子

Isaac 时尤甚。但是 Mindy 不停地想起当时的警报声,想起那些为了去保护双子塔中需要帮助的人们,对抗着自保本能的勇敢的男男女女。既然他们有勇气与力量冲进大楼、一步步登上危险台阶,她也应该吸收和聚集这种力量,让自己能平静地行走在这个街区。在尝试了很多次以后,她的恐惧终于逐渐平息下来。

为 所 当 为

人们一般不会形容自己是个勇敢的人。你最近一次听到别人说"我真勇敢!"是什么时候? 然而,在需要勇气的时机到来前,大多数勇敢的灵魂都还没有意识到自己的潜力。一旦面对挑战,我们会为自己感到惊喜。但即使那时,或许我们也没有意识到自己的行为有什么不同寻常之处。

Wesley Autrey:勇气唤起人性

在 2007 年 1 月的一个下午,一位 50 岁的建筑工人 Wesley Autrey,在曼哈顿上城的 137 街站等地铁。突然,站在他身边的年轻男人癫痫发作,Autrey 试图去帮助他,但那个男子跌跌撞撞地越过站台,跌落到了轨道上。眼看着地铁的灯光正在驶近,Autrey 想拉这个男子一把,在列车靠近前把他带到安全的地方,但已经有些来不及了。Autrey 跳

入铁轨之间的排水渠中,卧倒并将男子护在身下。列车司机看到了这两个男人急忙刹车,但列车太过于靠近他们,以至于 Autrey 的帽子都沾上了车轮上的油污。令人惊奇的是,他们俩都活了下来。

"我只是看到了有人需要帮助",之后 Autrey 告诉《纽约时报》记者,"只是做了我觉得对的事。"

纽约市市长 Michael Bloomberg 为 Autrey 授予了青铜奖章,称他的行为是对世人的鼓舞,并提醒我们被平民英雄包围着。2007 年,小布什在他的国情咨文演讲中对 Autrey 表达了敬意,并引述了他的话,"我们的军人正在海外为我们的自由英勇献身。我们必须彼此关爱。"

当仁不让:John F.Kennedy,1943

在提到父亲的书《当仁不让》(*Profiles in Courage*)时,卡罗琳·肯尼迪描绘了很多约翰·肯尼迪作为中尉参与 1943 年太平洋战争时激动人心的细节。肯尼迪的鱼雷快艇撞毁了,两位战友丧生,只剩他和一位被严重烧伤的战友。顾不上后背的重伤,肯尼迪用牙齿咬着战友救生衣上的绳子,游了 4.8 千米,到达所罗门群岛中的一座日占岛屿。在接下来的六天里,他们白天隐藏起来,晚上肯尼迪就游出去寻求帮助。两位友好的岛民给了他一个椰子,他将他们的位置信息刻在了椰子上,岛民将椰子带给了隐蔽处一位正在执行

营救任务的澳大利亚观察员,他们获救了。

时光雕琢出的沉静勇毅

勇气也关乎恐惧和我们如何处理恐惧情绪。这指的不仅是面对片刻的恐惧,更是指始终如一地面对每个新的危机的态度,并决定我们应当如何去做。实际上,"危机"这个词既非褒义也非贬义,它源自希腊词语"krinein",意思是"做决定"。有时,并不是某个特定的危险时刻教会了我们勇敢,相反的,有些人不露声色的勇气是在一生的艰难经历中磨炼出来的。

George Dawson:生命如此美好

仅仅在上学这件小事上,George Dawson 就展现出了极大的勇气。在毅然决然地决定开始学习阅读和写作时,他已经 98 岁了。实际上,他的人生旅途被勇气所充斥着,一个又一个绝望的境地练就了他的勇敢。

在后来和 Richard Glaubman 合作完成的书《生命如此美好》(*Life Is So Good*)中,Dawson 写到:他在 20 世纪早期出生于得州东北部一个贫穷的非裔美国家庭,是家里最大的孩子。他很小就开始在农场打工,这样弟弟妹妹们可以上学。他工作非常努力,一开始在农场,后来在铁路上工作。

结婚生子后,他鼓励孩子们接受良好的教育。直到孩子上高中之前,George 都在设法隐瞒他教育程度的低下。许多年后,他98岁时,一位成人教育机构的工作人员邀请他参加课程,他接受了这个挑战。他101岁时成为了班里的模范。他可以阅读三年级水平的读物,并且渴望拿到相当于高中水平的毕业证书,也鼓励着其他同学跟上他的步伐。这位全国年龄最大学生的故事口口相传,他成为了家喻户晓的人物。他的勇气和坚韧孕育了非凡的智慧和豁达的精神。尽管他过去经历了很多不幸,也失去了很多,但 Dawson 说,"生命如此美好。"

Jimmy 和 George 一样,在得州东北部长大,只是比他稍晚一些年月,生活条件更舒适一些。和 George 一样,她回望过去时也说,"生命如此美好,我并不想改变它。"但对 George 而言,在101岁经历了一生的困苦后发出如此感叹,更显得慷慨而宽容。Dawson 获得的不仅仅是知识——他的故事鼓舞了无数人,在任何年龄都能去面对自己的恐惧,敢于挑战新的领域。他的故事也鼓舞着各个年龄阶段的人打开思路,思考一些以往从未考虑过的可能性。

日常生活中关于勇气的故事,最为打动 Jimmie 的是父亲 Clifford Coker 的故事,因为他有着简简单单做自己的勇气。

Clifford:做自己的勇气

Clifford Coker 不允许自己在道德上有瑕疵和过失,这反映了他的人格力量。他是个少说多做的人,从不把自己的信仰挂在嘴边,而是用行动去体现他沉静的勇敢。他在得州农村出生、长大、死亡,那里的村民都是坚定的原教旨主义者,他们无法接纳没有信仰的人。

然而 Clifford 在年度布道会和每周的活动上都会拒绝牧师的感化,牧师们要求他信教,避免遭受永恒的诅咒。这对许多人来说都难以置之不理,但对 Clifford 来说却并非如此。他爱唱赞歌,尽他所能地帮助小教堂。他尽心维护在他被烧毁的家的那块地上新建起来的坟墓。他给教堂买了一个发电机,以使晚间活动有足够的灯光——尽管经常失败,聚会总在黑暗中进行,但这给孩子们带来了很多欢乐。

不管他为教堂和社区做了多少贡献,Clifford 都尊崇着自己的人生哲学。现在很难想象他需要多大的力量去年复一年地坚守这份孤单的信念,去面对来自社会的压力。如今已经 100 多年过去了,这种力量仍然激励着他的女儿 Jimmie。

勇气、恐惧、正常人和非常处境

由 Frank Baum 创作、W.W.Denslow 绘图的《绿野仙踪》

(*The Wonderful Wizard of Oz*)，或许是第一部真正意义上的美国童话，它让一个世纪的孩子们都认识了故事中"胆小的狮子"。这只有名的狮子确实非常胆小，但这并不妨碍他为朋友阻挡投矛器、与飞猴甚至是邪恶的女巫对抗。故事中那位有名的男巫教导他："任何生物在危险面前都会感到害怕，真正的勇敢是在你害怕时直面危险，而这样的勇气你身上有很多。"

人性中滋生的勇气：Zofia Banya 和 Israel Rubinek

1941 年时的波兰饱受战争的破坏，Zofia Banya 是一个穷农夫的妻子，她没有足够的钱去买干货店里她需要的东西。"不要担心。"店主 Israel Rubinek 告诉她，她可以先拿走需要的东西，有钱时再付给他。在那个拮据的时期，没人能接受赊账，Zofia 从来没有忘记 Israel 这一善良的行为。

两年后，Israel 所在的村子开始驱逐和枪毙犹太人。Israel 非常幸运，Zofia 捎信给他和他的妻子 Frania，让他们藏在她的农场。冒着她自己被抓或被处死的危险，Zofia 帮这对夫妻躲了两年，救了他们。

之后，Israel 一家为了与家人团聚回到了家乡，Zofia 和 Israel 四十年没有再见面。Israel 的儿子 Saul Rubin 是一名演员，他将团聚的画面拍摄成了纪录片，叫《太多奇迹》(*So Many Miracles*)，Zofia 在纪录片中说，"我非常同情他们，不

可能出卖他们。"

Clara：母亲恐惧的经历鼓舞了女儿

在法西斯统治罗马尼亚时，Mindy 的妈妈 Clara 只有 6
岁。她不得不辍学，而且再也没有机会接受正式的教育。
年幼的 Clara 和家人加入了犹太游击队，在接下来的两年里，
帮助犹太人隐藏在森林里。她从不觉得自己勇敢，相反地，
不管是躲避纳粹的时候还是市民们想要告发她和家人的时
候，或是要偷渡到邻国的时候，她一直都非常害怕。多年以
后，当她嫁到美国时完全不懂当地的语言，除了也是难民的
丈夫 Archie 外谁也不认识。那时她出家门都会感到害怕，
但她挺过来了。就在 10 个月后，在没有任何其他家人来帮
助她的情况下，她成为了一位母亲。而当 2 年后 Mindy 的
弟弟出生时，Clara 已经能说一口非常流利的英语了。

Clara 给 Mindy 树立了一个榜样，告诉她不论是否害怕，
人们都拥有能力生存和渡过难关。70 年后，Clara 不用再为
了晚上有东西可以盖而去寻找足够大的树叶，她和 Archie
生活在纽约的布鲁克林，有了遮风避雨的住所。有时，也会
出现一些新的让她害怕的情况，但她都一一克服，就像以前
的她那样。

2006 年 Mindy 被诊断为乳腺癌时，她也感到非常恐惧，
但一想到母亲的经历，就能给她带来巨大的安慰和力量，让

她撑过去。父母在战争中的岁月已经是一段遥远的记忆了，而她现在正期望着有一天，当她说起自己的癌症和治疗时，也能如同说起父辈的故事一样。

人们勇敢地讲述自己的故事，亲身经历过的最困难的问题以及如何去战胜困难，这仍然是我们互相学习的一种重要方式。一个人回顾过去，可以从过去的决策中汲取很多力量。随着年龄增大，危机也越来越多，比如失去或是疾病，但当我们回头去看，会为自己战胜了困难而感到由衷自豪。这或许就是"过得好不好"的 U 型曲线右侧的奥秘之一。历经岁月的洗礼，我们有能力说："都经历了这么多，还有什么好害怕的？必须面对的时候我就会去面对，同时尽力做到最好。"

Helen Cantor：70 岁，我从自己的壳中走了出来

Helen 一定从来没有认为自己是个勇敢的人。早年间她非常孤独，成长环境中妈妈非常强势，而且妈妈更加亲近姐姐。她觉得自己不值得受到表扬，有些不擅长社交。但随着年龄增长 Helen 进步了很多，她决定做一名护士。在护校学习、毕业对她的自信心有很大的提升，她爱她的病人，也很喜欢医学，她的同事和病人也对她投以爱的回报。但她依然经常陷入沮丧，也非常腼腆，尤其是在男人面前。她

一直未婚。

她一直热爱工作,也在工作中找到了极大的人生价值,但她一直遗憾没能有个自己的家。在她 70 岁的时候,姐姐去世了,似乎将她从"不重要的女儿"这个身份中解脱了出来,让她在 70 岁的时候走出了自己的壳。她变得更加自信,也更好地承担了照顾患病母亲的责任,一开始在家中照顾,后来是在养老院。

在 Helen 93 年的人生中,大部分时间都住在同一个小型公寓里。她为自己将公寓保持得井井有条感到很自豪,尽管她几乎已经失明。多年来她有许多朋友,视力变差之前她常常去看演出和音乐会。她会借助轮椅去邻近的街区走一走,购买一些日常用品。当她需要帮助时,售货员会非常乐意为她读出商品标签上的字。

除了其他各种活动,Helen 也是"老与病"支持小组和私人定制读书会的成员,她幽默而犀利的评论常常给组员们留下最为深刻的印象。她试着让自己保持忙碌的状态,她了解很多对老年人有用的知识,并且与时俱进,就像 Google 一样,这得益于国会图书馆中录制在磁带上的书籍、杂志和报纸。她说自己现在很少感到沮丧了。

Helen 形容她必须要适应生命中不断变化的情境,并在这个过程中不断成长。多年以前被问到关于死亡的问题时,她说:"我不能为明年的事担心。我并不想死,但即便明

天我死了,我也已经 90 岁了,我准备好了。各种文件都井然有序,我的遗愿等相关的东西也一样。只有一件事,我刚刚将公寓里的四把椅子修好,我希望至少可以再多活一阵子,看看它们用起来怎么样。"

勇气可以萌芽于孩童时期

勇敢在任何年龄段都能体现。年长的人常常能在年轻人勇敢的故事里找到特殊的安慰。而老一辈人传递给年轻人对世界和未来的希望,也被这些年轻人传承了下来。

Ruby Bridges:一个孩子的勇敢

20 世纪 60 年代,Ruby 帮助新奥尔良小学消除种族藩篱的时候只有 6 岁。这位黑人小女孩当时上一年级,每天由 4 名联邦侍卫护送往返学校。整个学年,侍卫们从车上下来,步行送她去学校;每天早晨她走进学校前都会被大声嘲笑、辱骂。她成了全校唯一的学生——其他白人家长为了表示抗议,不让孩子们去上学。

在学校,Ruby 和政府派来的老师一起度过,而当她离开学校回到家,也要接受同样的不公对待。这样的状况持续了一个学期,但她仍然坚持每天去学校。精神科医师 Robert Coles 当时正在研究废除种族歧视对美国南部儿童

的影响,他因此认识了 Ruby 和她的家人。她发现 Ruby 很少抱怨,看上去把她肩负的压力处理得很好。

一天,老师在交谈中对 Coles 提起,Ruby 似乎在对着人群说话,这让白人们更怕她了。当她就此事询问 Ruby 时,她说她的父母给她讲了耶稣的故事,告诉她耶稣是如何为身边的暴民祈祷的,她也照做了。"我在跟上帝说话",她说,"我在为街上的人祈祷……我请求上帝宽恕他们,因为他们并不明白自己在做什么"。

勇气有时就是这样包裹着小小的身体。Ruby 穿着她的白裙子、白鞋子,绑着白色的发带,日复一日地承受着难以想象的凌虐,却从没失去希望,保持着善良,用实际行动树立了一个勇敢的榜样。

1955 年的夏天,Bob Coles 和 Jimmie 共同见证了年轻人在罹患小儿麻痹症时展现出的勇气。这种病会导致瘫痪甚至威胁生命。当时他们是麻省总医院年轻的精神科住院医师,亲眼目睹了在沙克疫苗面世之前最后一次小儿麻痹症的大流行。他们都很想了解原本健健康康的年轻人如何面对如此严重的疾病。忽然,医院的急诊室就充满了症状不一的患者,轻者只是手臂乏力,重者直至脖子都瘫痪无力。这些病人被安置在一个大病房,里面有 20 台"铁肺"(人工呼吸器)——一个大大的圆柱包裹着病人的身体,头在机器

外面,推动气流进出,以扩张和收缩胸腔,帮助他们呼吸。病人今天还是个健康人,明天却完全瘫痪,简直是巨大的灾难。

然而,这些年轻人找到了适应和应对他们所处状况的方式。他们展现出了不可思议的勇气,常常鼓舞着他人。他们有时也会感到失落沮丧,但他们能从自身发掘勇敢的力量,继续前行。医疗工作最令人满意的方面之一,就是病人展现出了人性潜在的强大,有时甚至会让他们自己都感到惊讶。

我们常常认为年轻人的特点是鲁莽,而非勇敢或有胆量。但当面临危机时,他们会展示出令人钦佩的性格优势。

希望与应对的勇气:Shelia Kussner

Shelia Kussner 只有 15 岁的时候,她的右腿膝盖上方长了一个肉瘤,需要做右腿截肢。她现在已经 80 岁了,仍然清楚地记得那时多么艰难。她跟其他同龄人看上去如此不同,那时并没有心理方面的工作者可以帮助孩子们应对疾病,"癌症"这个词当时只能耳语,不能大声说出来。但她的父母认为她是个正常的孩子,她也应当像正常孩子一样去做,而且她真的做到了。

Shelia 意识到截肢的人是多么孤独,于是她开始去医院拜访刚做了截肢手术的人,给予他们她不曾得到过的同

伴支持。随着时间流逝,有一些朋友加入了她,一起组成"希望与应对"小组。现在这个小组已经有了几百名志愿者,为癌症患者提供免费服务,包括"幸福之家"和许多支持活动。

多年来所做的所有决定

从根本上说,在任何年龄都需要有勇气做自己,任何生命阶段的挑战都需要有勇气来应对。在 17 岁的时候,年轻人往往决定是否需要上大学? 是否需要一个间隔年? 接下来做什么? 社会、经济、技术方面,未来都有什么在等着我? 虽然年轻人对未来有一种感觉,但他们并不一定有信心或确信自己能够面对未知的将来,但他们还是开始构建未来。

当无忧无虑的大学时代结束的时候,做决定常需要更大的勇气。我们会听到:"天哪,离开校园我该做些什么? 我必须成长起来!"因为大多数人会面临这样的状况,因此也诞生了一款 T 恤,印着"我会变老,但我不是必须长大"。我们当中会有很多长不大的彼得·潘,他们虚张声势的背后是深深的恐惧。

青年人和中年人被各种各样需要勇气应对的议题"轰炸"。我要结婚吗? 我必须要有孩子吗? 我真的想要孩子吗? 如何兼顾家庭去处理好工作并谋求晋升? 为什么我的

父母看上去这么虚弱？然后，会有更多需要勇气的问题接踵而至，我该怎样从现在的工作职位上退下来？怎么离职？怎么退休？在教师、工程师、医生的身份之外，我还是谁？

性格自始至终发挥着作用，指导人们做决定。久而久之，在生命中那些发现爱、感受爱的时刻，个性成为了底色，在完成各项有意义的任务时，性格也帮助我们应对挑战。Eleanor Roosevelt 在她写的《生活教会我》(*You Learn by Living*)一书中总结得很好：我们塑造生活，也塑造自己。这个过程贯穿我们整个一生。我们所做的选择最终都将成为我们的责任。

寿命越来越长，人们对于第二段职业生涯越来越感兴趣，尤其是 60 岁以上的人们，当然这个年龄也可能会更早。之前提到过的 Tessie Hilton 就是一个很好的例子，她养育了4 个孩子，在她 50 岁的时候还有勇气去开启一份全新的事业，那时她最小的孩子都已经上高中了。

当然，有一些在早年看上去很有勇气的事，过几年再回过头去看可能会很不一样，这仅仅是因为我们不会一直对同样的事情感到害怕。举个例子，读书会成员就发现，即便有人不同意他们的观点，现在谈起自己的想法也不会像他们年轻时觉得那么可怕了。在我们年轻的时候，认识到想要什么和不想要什么需要很大的勇气，尤其是当身边有很多很有经验的人认为我们不对时。"轻装前行"的艺术使做

这些"勇敢"的事情变得更容易,因为它们不再需要那么多的勇气。当我们年轻的时候,很难想象我们以后恐惧感减弱了能干成什么。

不论是因为面临逆境而鼓起了勇气,还是对勇气的需求没有那么强烈了,一旦我们有了信念,现在或未来,我们都能做得更好。就像 Christopher Robin 在电影《小熊维尼寻找罗宾》(*Pooh's Grand Adventure : The Search for Christopher Robin*)中,对他亲爱的朋友维尼熊所说的那样,"答应我,你会一直记得,你比你自己想象得更勇敢,比你自己看到得更强大,比你自己以为得更聪明。"

参考文献

◆ Baum, L. F., and Denslow, W. W. (1900). *The Wonderful Wizard of Oz*. Chicago : George M. Hill Company.

◆ Buckley, C. (2007, January 3, 2007). Man is rescued by stranger on subway tracks, Web. *The New York Times*.

◆ Coles, R. (2010). *Handing One Another Along*, T. Hall and V. Kennedy eds. New York : Random House.

◆ Dawson, G., and Glaubman, R. (2000). *Life is Good*. New York : Random House.

◆ Ju, A. (2008, May 24, 2008). Courage is the most important virtue, says writer and civil rights activist Maya Angelou at Convocation, Web.

The Cornell Chronicle.

◆ Kennedy, J. F., and Kennedy, C. (2004). *Profiles in Courage.* New York: Harper Collins.

◆ Milne, A. A., Geurs, K., and Crocker, C. (writers) and K. Geurs (director). (1997). Pooh's Grand Adventure: The Search for Christopher Robin[Video]: Walt Disney Television, Buena Vista Television.

◆ Roosevelt, E. (1960). *You Learn by Living.* New York: Harper.

◆ Rubinek, S. (Writer) and K. Smalley and V. Sarin (directors). (1987). So Many Miracles[Documentary Film]. In S. Rubinek (producer). Canada: National Center for Jewish Film.

◆ Scrivener, L. (2009, December 20, 2009). A simple act of kindness saved lives, Web. *The Toronto Star.*

◆ Shedd, J. A. (1928). *Salt from My Attic.* Portland: Mosher Press.

154

第 9 章

智慧
——了解我们所不知道的

没有人给我们智慧,我们必须自己去找到它,这要经历一次茫茫荒野上的艰辛跋涉,没有人能代替我们,也没有人能使我们免除这种跋涉。

——马塞尔·普鲁斯特《在花季少女倩影下》

与勇气相似,人们很难在自己身上看到这样的特质,而是将其作为追求的目标或理想。大多数人,特别是老年人,会谦虚地宣称他们认为自己并不聪明,可见他们遵循的是苏格拉底的传统。具有讽刺意味的是,苏格拉底以自称没有智慧而感到自豪,虽然他对智慧的定义包括保持谦虚和接受个人的知识存在极限。事实上,如果我们认为自己已经知道了所有必须知道的事情,那么我们就不愿意学习新事物,或也不会有什么新的洞察力了。

私人定制读书会的阅读清单

我们创建读书会不是为了让它成为世界智慧的融合地,只是觉得创建这个组织会很有意义并且有趣。在我们的支持小组中,成员更多的将注意力放在他们自身和目前遇到的问题上。成员中的很多人都是独居的,可能由保姆或者其他家庭成员照顾。但他们都没有体力去参与社区中的活动——这样他们就被自身的问题"困住"了,几乎没有动脑的机会。成员们都是聪明而富有创造力的人,喜欢同他人谈论天马行空的点子,然而他们普遍缺乏寻找讨论机会的动机。

我和成员们一起对思想者智慧的研究已经开展很长时间了,专注于希腊对美德的见解。有趣的是,有关"衰老"的主题却很少出现。通常出现的是被着重强调的"生"这样的主题,尽管小组中大多数人的年龄在 60~90 岁。我们在读书会中读过的作品,从罗马统治者马尔库斯·奥瑞里乌斯(Marcus Aurelius)的《沉思录》(*Meditations*)、圣奥古斯丁(St.Augustine)的回忆(加上诺贝尔奖获得者 Eric Kandel 的作品),到 Plutarch 给妻子的信,还有许多其他人的经典作品。有时我们也会偏向更加现代的领域,例如我将独立宣言与马丁·路德·金在 1963 年写就的《伯明翰监狱的来信》

（Letter from Birmingham Jail）进行比较。一方面，我们讨论
了这些奠基者的勇气；另一方面了解到这些杰出人物也是
受到前人启发，并且是很有智慧的。

小组活动的出席率出奇的高——远高于他们原先所在
的小组，他们是从那里被引荐过来的。我们的讨论非常活
跃，完全不用担心缺少动脑的机会，有些成员甚至带来了他
们的笔记。也许读书会最重要的成果是，成员们的思想可
以不拘泥于自己和自己目前的境况，当然那些个人问题在
我们讨论美德时仍会闪现。讨论是热烈的，每个人在讨论
中都想发表见解，经常充满了欢声笑语，十分热闹。当我们
的讨论时间结束时，大家都不想离开，所有人都想把有关人
类境况的共通话题继续下去。

读书会带来的热烈地讨论社交益处远大于脑力活动
的获益，这是第二个重要的好处。除了减少成员独处的
时间，读书会还能让成员有归属感——他们既是小组的
组成部分，又是大千世界中思考着相同问题的人们中的
一员。有时候，即使他们不能参加当次的讨论，小组成员
们也会自行跟上读书会阅读的进度——他们会通过电话
的方式参与到讨论当中。我们的读书会还在持续收纳新
成员，其他中心会替他们的老年成员向我们询问情况。我
们总是开玩笑，在现在这个年纪已经不太可能把 50 种经
典全部看完，但这并没有浇灭我们尝试阅读的热情。期

待着如约而至的美好体验（读书会）这难道不是智慧的体现吗？

比我们拥有更多的智慧

1980 年爆发出一阵研究智慧的热潮，人们从多个角度开始探讨，而不仅仅在哲学领域进行研究。心理学家 Robert Sternberg 为研究智慧而进行资料收集，并邀请全球相关领域的研究人员参与讨论。他在《智慧的特征、起源和发展》（*Wisdom: Its Nature, Origins, and Development*）的开始章节中提到，"想要充分、正确地理解智慧，就需要比我们任何人更多的智慧……如果我们迷信本书各章节的观点，那么真正的智慧就会和我们擦肩而过，智慧的特点就是这样的"。

我们可以看到该领域谦逊的研究人员对他们课题的领悟。智慧是一个特别难以捉摸的概念，部分原因在于它不是一种简单的美德，而是一种多侧面的生活方式、思考方式和评价世界的方式。例如，它与智能有什么不同，与精明又有什么不同？人是否可能既智慧又邪恶？智慧与年龄之间的关系是什么？会越老越有智慧吗？或者没有会比老傻瓜更愚蠢的人？

有可能给智慧一个定义吗？

有一种研究智慧的方法,是让人们说出他们认为智慧的人的名字。然后研究者就这些被提名人的情况进行梳理,从中发现他们共有的品质。Jimmie 能想到的第一个智慧的人是她的父亲 Clifford,而且答案始终是他,父亲那"沉静的勇气"这些年来一直激励着 Jimmie。早在 Jimmie 还没有想过什么是智慧的时候,她就已经有这样的感觉了。

智慧无法从学校习得

20 世纪初,Clifford 在他父亲位于得克萨斯州东北部的农场中长大。他在一家乡村学校上到九年级就辍学了。像苏格拉底一样,Clifford 从来不认为自己聪明,但他有一种强烈的使命感,继承了父亲所尊重的传统,成为一个根植于土地的人。尽管他没有念过多少书,但生活经验弥补了这方面的不足,激励了他的信心。

Clifford 像他父亲一样在黑土地上耕种,从经验和失败的锤炼中学习如何种植棉花、玉米、燕麦以及如何保护牧场的土壤。他管理着羊和牛,驯养骡子带动农场的设备,直到动物被拖拉机所取代。在大萧条时期,Clifford 每天给 8~10 头奶牛挤奶以赚取更多的钱。每天的牛奶都必须放在大奶

罐里,然后沉进井水中来保鲜,直到被当地的乳制品场收购。Jimmie 和她的母亲则制作黄油运到城里出售,售价是每磅 25 美分。

Clifford 是一个安静、耐心的人,除非是确实想表达意见的时候,不然他的话真的很少。他尤其诚实、公正。握手是他与外界沟通的主要方式。像许多农民一样,他每年春天从县银行借钱买种子播种玉米,抱着收入能多过支出(并非总能如此)的希望,在秋季收获后还清贷款。

在 Clifford 的农场,还住着几家人帮助干农活,特别是种植棉花。许多人不识字,所以签名用"×"来代替,但是他们都知道 Clifford 是值得信赖的,让他负责保管他们的工时记录本。

尽管当时大多数父母都不觉得女孩受高等教育很重要,但 Clifford 依然希望为 Jimmie 提供更好的受教育机会。为了能送 Jimmie 上医学院,Clifford 和 Jimmie 的母亲 Velma 完全奉献了自我。他从未旅行过,也从未坐过飞机,但他为一所公立学校的改革投入了极大的精力,在学校的董事会任职。他不知疲倦地在农村地区铺设道路和电力系统。在他的努力之下,Jimmie 得以坐上飞机去许多地方,宣讲她在医学的一小块领域中的成果——癌症患者的心理需求。

在 Jimmie 身上我们很容易就能看到 Clifford 的影响，他的成熟、善良和强烈的是非观念是为 Jimmie 指路的灯塔。那么他的这些品质与智慧有什么关系呢？ 关系很密切，为了更好地理解因何如此，让我们继续从文献中仔细找寻。

谁是智者？

1990 年，心理学家 Lucinda Orwoll 和 Marion Perlmutter 用不同的方法研究了智慧。一种方法是研究被他人认为智者的人的特质。另一种方法是探索非专业人员如何定义智者。

尽管目前研究人员对智慧的描述并不完全相同，研究方法也存在差别，但它们仍有很大一部分重叠。普遍的共识是：智慧指在不确定的情况下做出正确决策的能力。首先，被认为明智的人往往具有高水平的自我洞察力，也就是了解自己。他们也非常善于体察他人的内心世界并且在意对方的感受，能够很好地理解他人。同时与这些品质相伴的是广阔的世界观，以及对世界大事和普世主题的关注。而且，虽然所有研究人员都发现知识水平是智慧的重要组成部分，但它们并不一定指正规教育，而是像 Clifford 从生活和日常学习中获得的那种"接地气"的经验。

智慧与岁月

最近,密歇根大学的 Igor Grossman 及其同事研究了关于智慧的不同定义。他们也发现这个概念用一个简单的定义来说明太难以捉摸了。然而,在回顾性研究中,他们描述了最常出现的 6 个维度:

- 能够从多个角度看事情
- 能够折中寻求和找到解决方案
- 拥有处理不确定情况的能力
- 能灵活地做出有关未来的预测和决策
- 认识到变化是生活的一部分
- 能够找到解决冲突的方法

当研究人员探索智慧与年龄之间的关系时,他们发现了一些非常有趣的东西。研究人员让所有年龄段的人都阅读了两种社会冲突的叙述:①群体之间(例如,塔吉克斯坦分为传统派和现代派的两个族群);②个人之间(例如,成年兄弟姐妹争论他们已故父母的墓碑的支付问题)。

要求受试者回答他们预期接下来会发生什么以及为什么。对他们的回答,分别按照智慧的 6 个维度评分,并给出综合分。那些 60~90 岁的人获得了胜利。当涉及人群之间的冲突时,他们在智慧的各个维度以及综合得分上均得到

最高分。当谈到兄弟姐妹之间的冲突时,最年长的群体再次得到最高的综合得分和 6 个维度中 4 个维度的最高得分(包括不同角度看事情,认识到变化是生活的一部分,灵活地做出有关未来的预测和决策和能够折中寻求和找到解决方案)。

研究人员确定,至少在理解和试图解决社会冲突方面,事实上老年人更为明智。由于这个原因,他们建议老年人应该参与更多的社会冲突谈判,呼应了西塞罗文章的建议,即老年人应该继续在政府服务,这样他们的谨慎可以抗衡脾气暴躁的年轻人的冲动决定。

值得注意的是,研究人员还发现,在所研究的群体中,思维的某些方面随着年龄的增长而减弱。例如,老年人在谈话时往往更容易分心。实际上,这些特点是随年龄增长而出现的。另一个老人经常发出的抱怨是记忆衰退或者无法用正确的词表达。这是许多人随着年龄的增长而遭遇的一种轻微的常见病症,被称为老年人的良性遗忘症。这样的"凸显老态的时刻"可能令人恼火,但正如 Grossman 和他的同事所指出的那样,它们并没有妨碍真正的智慧。

Laura Carstensen 和她在斯坦福大学的同事们认为,产生这种智慧的原因不仅是时间和经验的积累。她认为,随着年龄的增长,人们会有更大的动力去寻找生活的意义,但去扩大个人视野的动力较低。由此做出的决策可能会更周

到、更明智。能够活得越来越轻省也是一种智慧,这需要学习如何不在鸡毛蒜皮的小事上耗费力气,学习如何不对特定的成果过于投入精力(例如,成为争吵中的赢家),并且能够接受我们并不总能实现我们期望达到的重要目标。

智慧和仁慈

所有这些研究隐含着另一层意义,那就是当我们想到智者时,我们也会想得到仁慈。从长远来看,解决困难最终符合我们自己的最大利益,因为平和与稳定的生活比时刻在超越他人的生活来得更令人愉快。我们将资源集中起来帮助彼此建设、创造和康复,这样的生活可能是更好的生活。换句话说,展现人性的美德不仅是人道的,也是明智的。

也许这就是 Eleanor Roosevelt 认为成熟、智慧和仁慈总是相伴而行的原因。对她而言,成熟的人是,"……一个不只是按非黑即白思考的人,即使在情绪激动的情况下也能够保持客观,他知道所有的人和事物都有好与坏,他能够在生活环境中谦卑与仁慈的为人处世,并且知道在这个世界上没有人是万事通,因此我们所有人都需要爱和慈悲"。

这种成熟包括 Erikson 所描述的社交半径扩大——从童年时期狭小的范围(我们最初的家庭)到成人时期更广泛

的社会半径,就像当我们成立一个新家庭时那样。进入老年阶段,我们将会考虑更多自身及有限的生命以外的东西,更加关注后代和他们将生活的世界的品质。老年人开始更频繁地思考地球自然环境的未来,以及保护我们社会的社会价值观。这类似于 Hedda Bolgar 博士之前描述的感觉,任何生命之间都是有联系的,无论是人类、动物或植物。

与此同时,挑战在于通过自己的眼睛看待自己。读书会成员 Anne Marie 表明老年人有时会把别人眼中的老人形象套用到自己身上,从而引发了自己的问题。正如 93 岁的 Lillian 告诉我们的那样,"直到其他人开始以对待老人的方式对待我的时候,我才开始感到老了。"80 岁的 Eddie Weaver 指出,年轻一代倾向于将恐惧投射到老年一代。但 Ann Marie 说:"其他人对她的看法并不重要,重要的是她体验到自己的生命力。"保持"我"意味着理解我们所处的环境,同时记住我们是谁以及我们不是谁,并且不要太在意是否达到了别人对我们的期望。

William May 认为老年的智慧在于能够对生活中的失望和无常反应不那么强烈。读书会似乎同意这种说法——随着年龄的增长,你需要学会减少对别人的期待,学会放手。有时,我们需要放年轻人一马。

具有讽刺意味的是,保持"我"有时意味着通过改变自己来适应处境的变化。能够明智地这样做意味着我们知道

我们想要的东西。

重访 Tessie Hilton：认识到改变的必要性

50 岁时，Tessie 重返校园。能做到这点，并不容易。她认真思考了她想要的生活，不仅仅是现在，也包括将来。当最小的孩子上高中时，Tessie 意识到他会和其他兄弟姐妹一样，很快离开家，Tessie 就想知道自己如何应对"空巢"。所以，她做了许多人都会做的事——把目光转向了自己的父母，看他们是如何应对生活中的这种变化。作为富足的夫妇（Tessie 和她丈夫其实也是），她的父母似乎将这种转变处理得很好，他们享受着彼此的陪伴，在乡村俱乐部打高尔夫球，过着非常舒适的生活。

通过沉思，Tessie 从她妈妈 Abigail 身上发现两个很重要的经验。其一是善待他人，成为人世间那种呵护的力量。这也是她一直想效仿的品质。另一点是 Abigail 的整个世界似乎都是她的丈夫。Tessie 时常在想，如果妈妈的寿命比爸爸的长，会发生什么？除此之外，Tessie 意识到她不会满足于像这样孤立的生活方式。她有种强烈的感觉，她过着不同寻常的舒适而轻松的生活，并觉得应该以某种方式回馈。

所以，Tessie 效仿那些让她感到正能量的部分，并寻找其他类型的老年人的榜样，以寻求让她感到自身生命力和对世界有用的方式，尤其是当她变老的时候。就像她认识

的一个修女一样,80 岁时仍然在照顾病患和穷人。Tessie 50 岁时成为了一名咨询师,这意味着她开始了新的生活。让她震惊的是,她很愿意与身患重病或即将死亡的人共事。现在她也在从事为疾病末期的病人及病人家属提供关于精神和灵性需求的辅导工作。5 年后,她对自己所做的改变感到更加开心,也让她感受到了从未有过的满足感。

Tessie 所做的改变在很多方面都是一种美德,特别是她做出这种改变的勇气和放在首要位置的人道。这也是个诠释自知之明极好的例子——她是谁? 她想成为什么样的人? 她想要的感受是什么? 善于进入他人感受的世界,使得她能够与处于极度痛苦境遇的人们一起工作,让她有能力看到那些在自己环境下幸福的人——她的父母,而同时也认识到父母所处的环境也许不适合她。或许,她的智慧给我们最了不起的提示是,她在过去几年按照自己的选择生活,过得多么幸福,并且这种幸福持续到今天。有时,智慧是一种洞察力,能够使你认识到你希望自己的环境尽可能少的改变,即使这种改变是被你强迫的。智慧也是适应的能力。

Eddie Weaver:改变中的一连串智慧

Eddie Weaver 作为一家科技公司的物理学家,拥有辉煌

的职业生涯。他不想退休,甚至想等到70岁要求退休的年龄时,再考虑这件事。所以他立即开始考虑下一步该做什么。作为一个有着敏锐求知欲的男人,他不打算变成总坐在摇椅里的人。Eddie在当地一所大学开设了一个工程学的研究生课程,然后的几年内,这门课程开展得非常顺利。但是他的想法和兴趣比工程学广泛得多。

几年前,当我们开始计划为患病老人开发提供支持的咨询项目时,我们请Eddie加入专家组,让他继续为助老项目出主意。在寻找最好的助听器这件事上,他是我们征询意见的最佳人选。而且,对于那些恐惧科技的老人来说,Eddie可以帮助他们找到一台没有花里胡哨的功能的设备,让这些老年人能舒适地使用。

Eddie还继续参加我们的团体,同时Eddie也是读书会的创始成员之一。尽管有时有一些突发状况,但Eddie总是那么勤恳投入。当他的妻子生病时,他不得不开始通过电话参会。然而,他继续仔细阅读指定的阅读材料,并开始提供深思熟虑的评论,以及对未来阅读的建议。

Eddie关于退休的主要抱怨之一,就是他很怀念过去上班时能与同事进行知识的交流。因此,他继续寻找机会,与同龄人谈论他感兴趣的主题。他加入了一个老人聚餐会团体,他们定期共进午餐,聊天解闷。

明智的时刻

正如我们指出的那样,我们中很少有人说自己是明智的,尽管是(或特别是)那些被其他人认为是明智的人。但是我们都可以认识到,在生活中的某个时刻或某种情境下,我们曾经确实很明智。毕竟,我们不仅从错误中学习,还会从成就中学习,即使轻微的成就也可以产生很好的效果。

Mindy 和 Max

当 Mindy 怀上第二个孩子时,她的大儿子 Max 已经 4 岁了。他知道婴儿过几个月就要出生了。那个小家伙会比他更可爱,而且爸爸妈妈可能会忽略他。尽管 Max 的父母承诺他永远不会那样,但 Max 的回答道:"谢谢,但你们只是想让我感觉好点罢了,我知道你们在撒谎"。然后他哭得伤心欲绝。

Max 决定他要打败他的家人,离家出走。Mindy 警惕地看着大门。有一天,在 Max 哭泣发作时,Mindy 崩溃了,也痛哭起来。哭泣代表着她为不知道如何帮助 Max 感觉更好而道歉,然后再次向他保证,她说的是实话,爸爸和妈妈会永远爱他。

突然,在 Mindy 爆发之后,一切都开始发生变化。Max

似乎不再那么痛苦了。他仍然经常谈论逃跑，但是已经不哭了，似乎事情已经过去了。直到有一天，Mindy 怀孕的最后 1 个月。他们从书店回家的路上，Max 突然在褐色砂石台阶前停了下来，并宣称："这就是我要逃进去的新家，再见。"说罢他走上台阶，头也不回。Mindy 不知如何应对。她后背疼痛，无法集中力量，甚至不能挣扎地走上台阶去抓他。所以她待在原地说："行吧"。于是她开始往家的方向走，希望 Max 能跟上来。但是他没有。

最初的恐惧之后，Mindy 决定返回 Max"新家"所在的房子，她用友好的语气问道："你知道，我真的会想你吗？你能在离开之前，至少再跟我们多待一会吗？这样我们就可以再一起出去玩了，可以吗？"

Max 想了一下，然后尖声地说道："好吧！"他跟着 Mindy 一起走在了回家的路上，且从未试图再次逃跑。当他的弟弟 Isaac 出生 1 个月之后，Max 的父母终于证明了他像以前一样被爱着。从 Isaac 出生的那一刻开始，他就很喜欢 Max。一年后，当 Isaac 说出的第一个词是"Max"时，这件事就被封存了。

Mindy 依然记得当她看到 Max 走上台阶时，她束手无策的恐怖时刻。她没有分析出有效的策略是什么，但她仍然记得通过瞬间的智慧获得胜利时那种宁静的感觉。很多时

候,当她不能很好地处理孩子的需求和日常的社交时,她知道轻轻的身体触碰可能是最好的方法。

当读书会会员阅读《伊索寓言》(*Aesop's Fables*)并谈论他们认为最重要的人生课程时,Mindy 就会想起 Max 出走的恐怖时刻。75 岁的 Renee 表示随着时间的推移,老年人减少对成年子女期望的重要性。其他人同意她的观点,更少的期望意味着更少的冲突和更多的独立。尽管他们觉得给孩子的比得到的多。他们认为,这是事物的运作方式。但是这个小组进行更进一步的讨论认为,改变我们的期望,通常也意味着给予,因为我们想要给予,不是因为我们期望得到什么回馈。给予让我们感觉良好。如果说,他们多年来学到了什么,那就是生命太短暂,不能做完那些感觉美好的事,这本身就是一种来之不易的智慧。

参考文献

◆ Carstensen, L. L. (2006). The influence of a sense of time on human development. *Science*, *312*(5782), 1913-1915.

◆ Carstensen, L. L., Pasupathi, M., Mayr, U., and Nesselroade, J. R. (2000). Emotional experience in everyday life across the adult life span. *J Pers Soc Psychol*, *79*(4), 644-655.

◆ Cicero, M. T. (1820). *An Essay on Old Age*. Translated by W. Melmoth. Google Ebook.

◆ Grossmann, I., Na, J., Varnum, M. E., Park, D. C., Kitayama, S., and Nisbett, R. E. (2010). Reasoning about social conflicts improves into old age. *Proc Natl Acad Sci U S A, 107*(16), 7246-7250.

◆ May, W. (1986). The virtues and vices of the elderly. In T. R. Cole and S. A. Gadow (eds.), *What Does It Mean to Grow Old: Reflections from the Humanities.* Durham, NC: Duke University Press, 41-61.

◆ Orwoll, L. O., and Perlmutter, M. (1990). The study of wise persons: Integrating a personality perspective. In R. J. Sternberg (ed.), *Wisdom: Its Nature, Origins, and Development.* Cambridge: Cambridge University Press, 160-177.

◆ Proust, M. (1919/1998). *Within a Budding Grove*, C. K. S. Moncrieff and T. Kilmartin, trans. New York: Modern Library.

◆ Roosevelt, E. (1960). *You Learn by Living.* New York: Harper.

◆ Sternberg, R. J. (1990). *Wisdom: Its Nature, Origins and Development.* Cambridge: Cambridge University Press.

第 10 章

节制
——在（几乎）所有事情上秉持中庸之道

胜人者有力，自胜者强。

——老子《道德经》

流行语来了，又去了；在美国，节制这个词从禁酒运动以后，就已经淡出了人们的生活，记得当时 Carrie Nation 挥舞着斧子劈开啤酒桶，主导了禁酒运动。事实上，应当有所节制的思想有很长的历史。希腊人将节制作为四大基本美德之一（另外 3 个是勇气、公平和人道），将其定义为在想法、感受和行动上采取中庸之道。实际上，希腊人相信，没有自我克制，其他美德也无从做起。

如果我们回顾一些到目前为止我们已经讨论过的美德，我们就能领会希腊人的观点了。你可能还记得，"人性总统"纳尔逊·曼德拉认为，他最大的优点就是学会了在面对挑衅时控制自己的情绪反应。若非如此，他连监狱看守

都应付不了,更别说协调结束种族战争或开始确保民族和解了。

另一方面,自我克制对曼德拉来说也是重要的。用错了地方的宽厚或过分神入对方的感受,会干扰他站稳立场的能力,使他难以为自己的信念而战。换句话说,真正的自我克制从来都是一种平衡的行动,不太多,也不太少,即使在奉行其他美德时,也要克制。勇力过剩,我们可能草率行事,使我们自己和他人陷入危险。难以节制自己的恐惧,我们可能难以持之以恒。智慧的人总是需要认识到这种平衡:如果聪明的人在陈述自己看法时过于强势,即使他们是对的,其他人也会憎恨他们,认为他们傲慢;如果他们不够强势,又得不到重视。即使自我克制本身,有时也需要节制使用。如果我们总是处于把控状态、从不放任一点儿,生活恐怕就没什么趣味了;我们会错失新的、有价值的体验。Jimmie 的朋友有一次提醒她,"别忘了给运气留点儿空间。"

一般而言,避免过分的能力(无论是从情绪上还是行为上),对我们作为一个社群存活下去起核心作用。因此,不必奇怪,自我克制的思想(现代一些的说法如自控力、意志力和自我调节)是贯穿人类历史的许多宗教教育的核心,从佛教到犹太 - 基督教传统都是如此。在远古时代,无节制的行为经常被认为是缺陷或罪恶,如果想在死后避免永久的天

谴,人们会不计一切代价去避免这样的行为。即使是针对今生今世,医生们也将自我克制与老年人健康生活关联在一起,这一点至少可以追溯到盖伦时代,就像我们在第 3 章中看到的那样。记住西塞罗的警告,在早年缺乏自我克制,其结果往往是晚年承受被糟蹋坏的身体。虽然不同文化、不同时代具体的讲究有所不同,但调和膳食与运动一直在保健列表的顶端。此文,经常还包括对情绪克制的忠告,比如努力控制愤怒与后悔。

身体的内在机制在必要时会拉响警报,例如,当我们的身体需要食物或我们的血糖过低时,与此相似,自我克制的美德作为一种我们感受和行动的心灵指标,当心理活动与行为要偏离时警示我们。它提供了一个内在的报警系统,给我们发信号,让我们照顾好自己,提醒我们平衡好自己的欲望、感受和责任。我们经常从行为角度考虑自我控制,比如晚餐上是否喝了过多的红酒,或者是去看戏还是洗碗。但行为出现之前,先有思维,"我真的喜欢去看戏",或者冒出个想法——"但是那些碗碟不会自己变干净啊""还记得除掉那些蟑螂有多困难吧"。我们对导致偏离的"危险信号"是否有充分关注,从我们的心和头脑开始。这就是为什么我们在从行动角度处理自我控制问题之前,先从心和头脑角度开始讨论自我克制。

想法与感受的自我调节

....

想要安享健康,带给家人幸福,带给所有人宁静与和平,一个人必须首先从对自己心灵的管束与控制做起。

——佛

....

作为个人,我们通过一生的经验,学着如何处理这种平衡。Carstensen 的小组发现,老年人情绪控制更好,当他们感觉不好时,与年轻人相比,老人们倾向于较少为这些负面情绪所困扰。发展心理学家 Carol Magai 和 Beth Halpern 提示,我们在中年所经历的"上有老下有小"的多重角色,在形成老年期的"淡然处之"上可能是特别有帮助的。多重角色,通过必须达成某功能,强制我们学会调节自己的情绪,以便能肩负这些互有冲突的任务。67 岁的退休教授 Audrey 评论道:岁月帮助你"掌控自己的情绪强度"。"现在我更能有所控制,因为我已经花了很长时间学习如何生活。我较少感到过分受刺激,反应也没那么激烈。而且,我有了更强的悲悯之心,更少把自己搁在里面。"我们可以有许多方法来实践所谓情绪克制。Audrey 特别谈到了谨慎、宽恕

和谦逊。

谨　慎

　　谨慎,指的是长期努力中的自我调节,通常需要有远见才能做到。很容易理解,为什么人们经常把它与智慧联系起来,早前生活经验中获得的洞察力不断积累,指导着我们当前的行动。年岁增长是有帮助的。如果我们有了较为长远的眼光,为长期获益而推迟短期愉快就容易些了。通常,拥有长远眼光的最简单途径就是活的足够长,见过年轻时所作所为的后果。当我们问"老与病"小组成员,与年轻时相比,他们的观点有哪些变化,一位 75 岁的退休化学家Buddy 说,"我年轻时没有什么观点。"就像 Oliver Sacks 在《纽约时代》(New York Times)评论版上写的,"80 岁,一个人对历史可以有长远的眼光,有生动的沧桑感,不到这个岁数是做不到的。"

　　上有老下有小的年龄段,正是习得这种特性的主要时段。通常此时的生活好像是由一个接一个充满冲突的目标组成,冲突来自照顾儿女和(或)父母,照顾职业的需要,以及照顾自己个人的需求。经常没有什么决定是轻松的或不拖泥带水的(也许个别情况下有)。

Jane:今天的谨慎,满足了明天的梦

Jane 是一位退休教师,她挺年轻时就结婚了。她以前一直想要学弹钢琴,但她的父母付不起钢琴课的费用。成年后,她婚后有了孩子们。在她生下老三后不久,丈夫就丢下她走了。要供养 3 个年幼的孩子,把他们养大,她既没有时间也没有钱来上钢琴课或练习弹琴。孩子们的福利是她最重要而迫切的目标。

但这不意味着 Jane 必须放弃自己的梦想。当她完成了对家庭的义务,她认识到她的音乐梦想或许还在等着她。"等我退休了,我再……"而且她真的这么做了,这让她自己,她的家人和朋友都很高兴。Jane 已经完成了自己的工作,照顾孩子们长大,处理好了自己的职业生涯。现在,她的退休时光有了新的意义,她可以集中精力在这个目标上,这种方式是她年轻时不可能做到的。

谨慎需要在各种需要和欲求间保持微妙的平衡。Jane 过去想学会弹钢琴,但她也想给孩子们他们所需要的足够关注。有趣的是,延迟满足和坚持不懈的能力,在某些人早年时期就能观察到。这是一种个性特质,使这样的孩子受益。Jimmie 的妈妈,Velma,喜欢给她讲 John 的故事,John 是 Velma 九岁的侄子。

John：心有所冀意味着什么？

20 世纪初，John 学会了弹五弦吉他和唱歌。他的天赋如此之高，曾经受邀在电台演出。

"John，"Velma 问他，"你怎么做到的？有什么秘密？"

"你得真心想做，"John 解释说，"得对整个事情始终心向往之，努力做、勤练习，即使有时不想练了，也得坚持。"

John 从一开始就有这样的想法——光有想要学吉他和唱歌的感觉是不够的，必须平衡其他自己也想要做的事情，比如玩球、和其他朋友出去逛，而后面这些是与想要掌握五弦琴相悖的。他所得到的回报就是有机会在电台演出。

自我控制始于童年

虽然多数人随着岁数增长自然地在适应上变得更好，有大量研究显示在生命早期练习自我控制和调节是有长远获益的。当然，那是我们许多人小时候最不想做的事情。但是，我们开始实践的时间越早，教给我们的孩子也这样做的时间越早，我们和我们的孩子今后的生活也会处理得更好。

来自斯坦福大学及哥伦比亚大学的科学家们对此提供了研究证据，Walter Mischel 及同行用一个简单的试验探索

了学龄前儿童延迟满足的能力。由一名研究者逐一会见每个小朋友,在她面前放一块棉花糖(或者换个不同的玩意儿,只要小孩喜欢就行)。然后,研究者跟小孩解释,他要离开几分钟,给孩子一个选择的机会:如果她能等到研究者回来,她可以得到 2 块棉花糖;如果等不急他回来,她可以按铃,他会立即回来,但她只能得到一块棉花糖。然后他把孩子一个人留在房间里,观察她是否设法等着,以得到额外的棉花糖。

10 年后,问孩子们的父母,孩子们的自我控制能力一般情况怎么样。那些多年前能等着拿到额外棉花糖的孩子,现在更不容易分心;在受挫情况下更容易做到自我控制,更不容易屈服于诱惑。此外,他们的学习成绩也更好。

Terrie Moffitt 的团队报告了一项对 1037 名儿童自我控制力的大规模纵向研究。从蹒跚学步的年纪起,随访了一群孩子,直到他们 40 来岁。了不起的是,研究历时 32 年,随访率 96%。样本可以代表同一年、出生于同一城市(新西兰,Dunedin)的所有孩子。研究者测验被试的自我控制水平,计算它与健康、经济状况和犯罪记录的关系。

Moffitt 和同事们发现,正常情况下,我们最先要求自己孩子们做的事情,是控制冲动和调节他们自己的情绪表达。例如,我们试图让他们用语言表达而不是发脾气。这是因为他们实践自我控制的能力会很大程度上决定他们今后在

学校、社区的表现会怎么样，最终会决定他们成年后在社会上的表现。Moffitt 和她的同事们分别在孩子们 3 岁、5 岁、6 岁、9 岁和 11 岁时收集数据。而后，在研究的第 32 年时，研究者们评价他们的健康、经济状况和犯罪记录。

研究者观察到了自我控制成分的明显作用，无论男孩还是女孩，小时候自我控制较差的，后来健康状况、经济水平可能更糟，更容易犯罪。这些差异在受试者青春期时开始显现。此前被发现自我控制差的孩子，到青春期更早开始抽烟、更容易滥用毒品、更容易辍学和出现非计划怀孕。得分最高和最低的组之间的差距最大：自我控制高分组中 3% 有各种健康问题，而低分组 10% 有这样的问题；高分组 26% 成为单亲父母，低分组 56%；就犯罪而言，差距是 13% 对 43%。

有一项研究，对象是 245 名来自不良环境的青少年，他们承受了慢性应激。研究者 Carissa Low 和她的同事们发现，应对方式可以造成相应的生理影响。他们观察了受试者的 C 反应蛋白水平，这种标志物在组织损伤时升高。Low 及其同事区分了两种解决问题的方式：一种是积极投入，包括自我控制（被试认可的说法有"你努力自己把问题弄清楚"或"你努力改善自己"）；另一种是撒手不管（例如，"听音乐吧""吃东西""生气"和"冲别人叫嚷"）。

采取积极方式的青少年比撒手不管者，C 反应蛋白水平

低。虽然他们都是来自有慢性应激的不良环境家庭,那些自我控制更强的人,经历的负面生理影响较小。

专业人员相信,早在学龄儿童时期,是可以开始、并应当能够教会他们自我控制的。但需要进一步研究弄清其中的关键成分和可操作性。这样的早期干预措施或许能帮助青少年减少"犯错误"。继而进行的青春期教育会强化早先的儿童期课程,为他们步入成年打好基础。这是一个关键时期,培养他们设定长期目标的能力,会帮助他们满足职业目标的要求和保持令人满意的稳定关系。西塞罗会赞同这样的干预,这能够帮助我们把一个更健全的身体、更谨慎的心灵交给更年长的自我。

自我调节和宽恕

如果亲近的人对我们有所伤害或者我们觉得遭受不良对待,愤怒是正常的。早在童年时期,我们就学会了打人是不行的,后来,我们理解了"崩溃"并不会带来我们想要的结果。但学会如何宽恕却是一个更深刻的过程,需要更长时间。这就需要有能力缓和某些较为强烈的、愤怒的情绪。没有这样的能力,我们可能会发现自己非常孤独;随着时间流逝,发现自己无论是在家庭内还是朋友间,都没有亲近的关系。这意味着关系之所以能维持,因为关系中没有需要

克服的伤害。

　　宽恕包含一种接受的态度,这对不同的人来说意义不同。有的人会说,"我可以宽恕,但不能忘记。"另一些人把它描述为"随它去",而不是"宽恕"。无论用什么方法,宽恕的关键成分似乎是控制我们自己情绪反应的能力。没有控制,愤怒可以导致复仇或以牙还牙的欲望,从心怀怨愤,到回避或惩罚冒犯者,再到带有暴力色彩的幻想,直至真的暴力。

　　有研究提示,老年人比对照的年轻人更倾向于宽恕。这也许是因为生活的经验让我们了解了宽恕的价值。哲学家 William May 提出,正是因为年纪的增长,我们学会了降低自己对他人和目标的期望。如读书会会员所说的,"我们更大方地接受更少的收获。"

　　Laura Carstensen 和她的同事们还提出,意识到去日无多给我们带来压力,也让我们在意保持(或重新建立)关系,由此让愤怒出局。有时这意味着"亡羊补牢,犹未晚也"。这对老人内心的宁静来说也是很重要的。就像我们将在第12 章看到的,年纪大后,孤独是特别难应对的,因此关系维系对老人来说尤为重要。对老人处于中年阶段的子女们来说,认识到这点也是重要的。特别是当父母加入高龄老人行列后。

　　2013 年,瑞典心理学家 Mathias Allemand 和他的同事们

先行一步,开发了一项"宽恕干预"来帮助老人们解决来自过去的痛苦伤害。老年受试者参加了一个小组治疗项目,关注对伤害记忆的理解。这种治疗减少了老人们对伤痛的反复思虑和悲伤感受,帮助他们从更容易耐受的视角来看待这些经历,由此他们能够宽恕而不失去自己的尊严感。

这种干预还用到了人道的美德,帮助老人们有理由去理解那些曾经让他们受委屈的人,进入对方的主观世界。感同身受的能力帮助我们宽恕那些人,就像我们自己有时也会成为践踏者,也会请求别人的宽恕。即使某些情况下,老人不能让自己宽恕对方,干预的目标则为帮助老人"跨过无法宽恕",控制自己的愤怒或报复的欲望。

Hugh:来自孩子的原谅

Hugh 是一个性格明快的 93 岁寡居老人,他为自己的智力而骄傲。他对自己唯一的女儿 Mary 期盼甚切,要求颇多。Mary 是一个负责的人,但不够聪明,从来也没能维持住一份很体面的工作。她态度温和,但在工作场合明显被动,只能干低水平的工作,而 Hugh 看不上这样的工作,老嘲笑她。父女两人彼此都感到痛苦。

在接受 Jimmie 帮助的过程中,Hugh 开始理解和接受女儿难以达到自己的高要求,尽管她已经努力了。一次家庭治疗中,Hugh 有所触动,他请求 Mary 原谅自己的严苛。

Mary 感动得流泪了,感激父亲最终能够接受她的本来面目,而不是执着于他自己对女儿的期待。

Audrey:宽恕我们的父母

Audrey 的父母年轻时过得很时髦,她小时候常感到被忽视。当 Audrey 妈妈将近百岁时,开始需要更多来自女儿的帮助,而 Audrey 开始觉得心生怨恨。"现在我不得不照顾那个过去让我觉得被抛弃的人,即使如此,我还是到她身边来了。"

Audrey 说:"可是随着时间流逝,现在我能看到她的恳求。她这人挺有趣,但她不是个善于反思的人。我是一个心思重的孩子,爸妈偏偏是两个没心没肺、抵赖不认账的人(Audrey 的父亲比母亲岁数大很多,多年前就去世了)。我妈有她的'生活智慧'。我知道我们也爱着对方。我不再觉得受折磨了。"

当然,在各年龄段的人中我们都能观察到宽恕的例子。比如,Ruby Bridges 就是一个宽恕的范例,正是宽恕,让她在种族隔离期间,有勇气承受上学路上日复一日的言语虐待。

或许,当还做不到宽恕的时候,有点儿幽默在紧要关头能起作用。就像那个讽刺循规蹈矩的老笑话,90 岁的老奶奶坐在教堂的长椅前排,若有所思地听布道。牧师问,"如果你愿意为曾经给别人带来的任何苦恼而请求宽恕的话，请举起手来。"所有人都举起了手，只有我们神情肃穆、头发灰白老奶奶没有。牧师问，"为什么你不想请求宽恕?""我没有必要啊，"老人答道。"我已经比那些坏家伙活得都长了。"

宽恕还意味着我们要学会宽恕自己，特别当我们年事已高，积累了一长串记忆，其中不乏我们希望当时能换另外一种做法的事情。当我们发现，自己对他人的践踏得到对方宽恕的时候，我们也就学会了原谅自己。缺乏这种能力，沉浸在对过去所作所为的懊悔之中，显然是很悲催的，也难以摆脱失望感。因为我们都有些懊悔的事情，把这些放到生活的背景中，而我们能够生活下去，这对适应以后阶段的生活来说是很重要的。

自我调节和谦逊

坐在双轮马车轮轴上的苍蝇说，"看我扬起的漫漫红尘呐!"

——伊索寓言

　　有许多词汇来描述节制在这方面表现：谦逊、谦虚有度、低调。与之相反的是自视颇高、傲慢和虚荣。谦虚有度在当今的美国社会并没有得到多少推崇，我们往往过分推崇个人，奖励自吹自擂（因为没有别人吹捧你）。一些最受人爱戴的人物往往以谦虚、大方的气度广为人知，比如前美国总统夫人埃莉诺·罗斯福、特蕾莎修女和甘地。而谦虚适度的普通人，他们可能因谦虚的美德被周围的人所推崇，但在更大范围内，恐怕不会引起什么关注。

　　虽然我们的确不喜欢那些自我中心的人，说他们自负、吹嘘和傲慢，社会也并不纵容傲慢，但我们好像也不特别看重谦虚。当你投票的时候，如果候选人承认她并不知道如何处理社区的所有问题，那会是怎样的场景呢？如果有两个医生，一个充满权威感地说他一定会处理好你的问题，另一个诚实地承认他并不是知无不尽的，你会愿意选哪一个？我们倾向于认为，傲慢的政客会因没有履行投票时的承诺而得到报应；而有眼光的、处于优势地位的人才能欣赏医生的诚实。但实际情况并不总是这样。

　　一些揶揄吹牛者的机智说法，现在也还流行和发挥着作用，也许没有哪个地方比 Jimmie 的家乡得克萨斯州人更擅长这个了。她还记得一些在恰当的场合可以让人捧腹的说法。对于一个自我膨胀的农场主，你可以用简短而不失体面的嘲讽：出门西装革履，家里未必有牛。Jimmie 也还记

得国会议员"山姆大叔"Rayburn 是如何招呼他们那帮政客的:"那家伙以为他是谁? 他穿裤子的时候也是先穿一条腿儿,和我没什么两样。"另一个大家喜欢的家乡土语是,"你可以把靴子放到烤炉里烘焙,可是你烤不出饼干。"普普通通的老年人,就像普普通通的旧靴子,总是老样子,不管你花多大功夫假装不是那样,都没用。

事实上,许多"普普通通的老人"一直都在做了不起的事情,才不管什么花哨的宣传呢。我们通常并不了解他们,恰恰因为他们很谦虚。但如果我们好好考虑一下,我们可能就会想起一些例子,他们平平淡淡、安安静静地做了许多了不起的事情。

Tom:只是一个力图帮助别人的人

Jimmie 在纪念斯隆 - 凯瑟琳癌症中心的一个同事 Tom,就因为其谦逊被大家记住和爱戴。他还有着明快的幽默感,这一优点使他更令人难忘。Tom McDonnell 现在是一位退休的 Maryknoll 牧师,他也接受过成为心理师的训练。当年来到癌症中心工作的时候,他解释自己为什么喜欢在晚上来到病人中帮助他们,因为那是"魔鬼出没的时间"。

Tom 夜间到加护病房巡诊,那里的患者经常晚上入睡特别困难,更别说还有在床旁或等候区焦急的家人需要帮助。Tom 具有化解张力的本领,以轻柔明快的方式谈谈他

自己、谈谈人生和信仰,这样能使人们放松好受些。他还经常通过讲故事让患者和家属笑笑,幽默地看待自己的生活处境,压抑悲伤的气氛由此改变。当然,如果一个祈祷者需要更严肃的讨论问题时,他也能及时转变态度。患者和家属都赞赏他的谦逊风格。他从来没有扮演一个全知的宗教权威,而只是做好一个力图帮助他人的人。

Tom 的自谦有一个令人感动的例子。一天晚上,一位年轻的犹太妈妈正在为自己的儿子祈祷,Tom 想安慰她。当儿子的犹太小帽从头上滑落到床后面时,年轻妈妈变得非常不安。Tom 深知孩子头上犹太小帽的象征意义——在犹太传统中,它是谦逊的象征,提醒人们头顶上方总有神明在。Tom 立即趴下,爬到床下,取回了小帽,并轻柔地把它戴回孩子头上。Tom 的做法安慰了心急如焚的年轻母亲,他们一起为孩子的生命而祈祷。

Elaine 修女:为爱而生

癌症中心因谦逊闻名的另一位同事是修女 Elaine Goodell,一位 87 岁的嬷嬷。她总是在早上 4:45 分生气勃勃地出现在癌症中心的术前病房,给等待进手术室的患者送去祝福。她给每个病人都送上吉庆的祝愿,为那些需要祈祷的患者祈祷。

Elaine 修女这么做已经有 30 多年了,从未考虑停下来。

她不求回报,甚至不在意她的人道援助是否为人所了解。她只是说,她热爱她所做的一切。

当然,人们不可能注意不到 Elaine 修女悄然无声的无私奉献,尽管她非常低调。2009 年,神职人员组织内的卫生保健委员会(医疗牧),代表 20 多家机构,授予她厚生奖。

在行动中保持节制

如果我早知道我后来还能活这么长,我早先会更好地照顾自己。

——Eubie Blake 在百岁生日时的感言

(Kaufman 1995)

当我们最初着手写这部分的时候,的确有点儿担心,不想被认为是现代版的 Carrie Nations,摇头晃脑地讲解"节制我们的行为"以及"正当"地生活有多么重要。但我们不得不承认,这章呈现的很多研究,听上去还是有点儿像劝人要多吃菠菜的老生常谈。Mindy 就是一个更喜欢巧克力而不是菠菜的人。就像我们即将看到的,注意节制的确给我们的生活带来不同的结果,特别是当我们开始上年纪时,我们

如愿更加长寿的情况下。

Peterson 和 Seligman(2004)引用 Baumeister 等(1996)的文章,提醒大家注意,自我调节上的问题,几乎是所有个人问题和社会问题的核心,这些问题成了发达国家公民当下的流行病。即使是节略版的清单,也会包括如下内容:……毒品成瘾和滥用、酒精中毒、吸烟、犯罪和暴力、非自愿怀孕、性传播疾病、学习成绩不合格、赌博、个人债务、滥用信用卡、缺乏财产储蓄、愤怒和敌对、做不到规律锻炼,以及过度进食。

以上所述,简直就是对过度消费、自我放纵社会的控诉。在这样的社会里,节制自己行为的能力好像弱到缺如。这个问题等到我们上了年纪就显得尤其重要了,特别是现在我们很多人都能活到八九十岁,甚至百岁了,像 Eubie Blake 暗示的,不得不处理(放纵)的结果。但是,自控在任何年龄对于我们的福祉来说都是重要的。

自我控制与健康行为

个人自我调节失败对于我们的健康有着巨大影响,对当今社会维持健康的花费,也有巨大影响。2007 年发表在《新英格兰医学杂志》(*New Egnland Journal of Medicine*)上《我们能做得更好——改进美国人的健康》的这篇文章中,

Steven Schroeder 博士报告,美国 40% 的过早死亡都与行为有关——超过基因、环境或社会因素的影响。

这就不奇怪,为什么虽然美国在卫生保健上的花费高于世界任何其他国家,在多数标准化的卫生指标上,美国的排名却几乎垫底。2004 年,在 192 个国家中,美国在平均期望寿命上排名第 46 位。我们应当想到,这些数据不应只引发一阵喧嚣,特别是 Schroeder 已经指出过"对改善健康和减少过早死亡而言,单一的最大机会在于个人行为"。

文章中也提到吸烟、肥胖和不活动是造成过早死亡的前 3 位原因,其次是酒精滥用,汽车事故、枪支、毒品和性行为构成其余因素。虽然我们现在吸烟人数比过去少,烟草使用仍旧每年导致近 50 万人死亡,表现为吸烟者平均比不吸烟者早死 15 年。

在个人层面,我们已经开发了一些项目,帮助人们通过咨询和药物方法戒烟。很多人已经停止吸烟,即使是烟龄几十年的人有的也已经停止。我们部门有一块有趣的告示牌,上面写着"如果第一次你没有成功,戒,再戒一次!"在社区层面,我们已经有长足的进步,使公共场所成为无烟区,通过提高烟草税来增加吸烟的成本,以便增加戒烟的动机。

Schroeder 指出,反吸烟运动的成功,以及汽车安全带使用的明显增加(这迅速减少了交通事故死亡率),都显示有可能大规模改变我们的行为习惯。因此,我们有理由保持

乐观的态度。此外，已经给儿童进行了很多烟草方面的教育，而他们经常会给吸烟的父母施加一定的压力。

很多戒烟项目中使用的成功方法提示，类似的个人干预对帮助当事人减少过度进食、肥胖和少动，也有潜力。正如 Schroeder 指出的，在肥胖和吸烟之间，社群行为上的确存在有趣的相似性。

● 两者通常都是从青少年时期开始。

● 两者都在 20 世纪变得更常见。

● 两者都涉及具有强侵袭性的市场化产品。

● 就这两种情况，医生们曾经对将其融入健康教育和纳入常规医疗反应迟钝。

既然人们已经关注到"健康饮食"，现在学校也有类似的倡议，在校期间提供更健康的午餐同时，也提供"恰当体格"方面的知识，比如让学生更了解快餐食物所含热量和成分。这些健康知识也会由儿童传播给他们的父母。社会层面，也已经开始向餐馆施加压力，让他们告诉公众所提供食品的热量。强调从娃娃抓起，起到事半功倍的效果，因为这样做不仅有助于信息回溯到他们的父母，而且早年建立良好的习惯，会使人生今后几十年从中受益。这样的倡议是人们如何从社区获益的良好范例。在特殊或弱势群体中，类似倡议是否能发挥作用也正在进行研究。

弱势群体的健康行为

有一个令人悲伤但却无比真切的情况，那就是造成过早死亡的行为危险因素贫穷和处于弱势的群体中比例尤其高，往往包括老年人群。无论哪个种族，这种群体中的人们去世得更早，且带有更多残障。这是因为这里恰恰是个人因素及社会学因素的交叉点——他们资源更少，会使节制饮食更困难，例如，快餐作为餐食更便宜也更省事；参与2~3份工作不会留下多少时间用于系统化的身体锻炼。但是，鉴于结果的严重性，鼓励他们努力尝试改变还是很重要的。即使对成年人来说已经有些迟了，但对于孩子来说还不算晚，早年建立良好的习惯，是为了帮助他们防止今后出现慢性疾病。

英国研究人员已经通过直接强调这些问题当起了"开路先锋"。1967年开始的白厅街（译者注：英国政府机构所在地）诸研究（最初涵盖伦敦所有男性公务员，后来也纳入了女性）显示，健康状况按社会阶级呈明显层级分布：社会阶级越低，死亡率越高，健康状况也越差。饮食和锻炼被确认为特别的危险因素（Stringhini等，2012）。

后来，这些社会科学家走上了一条更大规模努力教育弱势群体注意肥胖和锻炼的路。他们根据所考虑的关键问

题,调整了自己的社会政策,这些关键问题影响着患者的健康,它们是贫穷、居住条件差、收入低、以及环境压力大。他们能够多大程度上取得成功,我们拭目以待。Schroeder 指出,在美国,我们从未以更广阔的视角看待健康问题。相反,我们倾向于从种族和具体疾病角度看待健康问题。不幸的是,这种方法模糊了社会阶级和贫穷的影响,使得更难以解决某些数据背后的实际问题。

美国文化在健康行为方面的另一个"合并症"是个人行为真就是以个人主义方式进行着,许多人还在激烈地大声疾呼维护个人选择吃什么或喝什么的权利。无论新的管理是否能够促进健康,都会使人感觉好像有个"大哥"在干涉你的生活。而这还不是一个简单的问题,资料显示,放纵行为所涉及的风险相当高,我们可能不得不退后一步,让出更大空间,才能找到解决这样重要公共卫生问题的共同基础。

阿帕拉契亚:社区方法

俄亥俄州立大学的健康心理学家 Electra Paskett 牵头进行的一项研究,是针对获取健康资源不足人群的肥胖问题。她对在阿帕拉契亚地区获取健康资源不足的人群中进行健康教育,这一人群收入低、受教育少、健康状况不佳。在整合受试者信任的社区资源后,帮助他们与肥胖和癌症做斗争过程中,具体采取什么样的方式呢?

这是一项借助计算机辅助系统的健康教育项目。一半社区通过在日间定期拨打受试者的移动电话,鼓励大家自我调节,提醒他们注意锻炼和饮食。另一半社区采用的办法是发放有关知识的小册子和进行癌症筛查。这些方法旨在推动更健康的日常行为,并且让受试者不那么容易得到不健康的饮食。后者是从个人和社区两个层面着力解决这样的问题。我们非常期待地看到这个以社区为导向的方法有什么样的结果,它或许能给今后如何帮助更大群体改善健康习惯以新的提示。如果成功,就为在大样本人群中,依托可靠的网络帮助增加节制行为,提示了一条出路。

自我调节与神经科学:大脑比我们 了解的更具灵活性

我们如何对环境产生反应,学会控制自己的行为的?科学家对其间的神经传导过程了解得越来越多。心理学家Janet Metcalfe 和 Walter Mischel 提示,存在两种神经元传导过程。其中的"热"反应是通过基于大脑杏仁核的记忆系统快速做出情绪性决定。而"冷"过程速度慢些,也更"知性",涉及海马和额叶的功能。冷系统在发生学上更晚出现,在人达到一定年龄后变得更活跃,或许它也部分地负责冲动。我们在青少年中容易看到的判断力差的"热"反应,而随着

年龄增长和冷反应的发育，人变得更谨慎和有良知。

我们很多人从小长大就被灌输，相信大脑是成熟后唯一不再改变的器官。但现在发现：不是这样。有一些令人振奋的研究已经发现，大脑和行为之间的关系是双向的；大脑指导着行为，而行为也影响着大脑。根据内分泌学家 Hans Selye 和生理学家 Walter Cannon 的工作成果，神经科学家 Bruce McEwen 和同事们研究了生活经历如何影响我们的大脑功能，以及大脑功能反过来如何影响生活体验。就像在生活中，我们一直努力保持平衡，在饮食、工作或娱乐上保持适度，我们的身体也努力维持各生理系统的平衡，特别是以下 3 个系统：

● 自主神经系统，处理心率、消化和呼吸等生理过程；

● 代谢和免疫系统，负责稳定和抵抗疾病；

● 内分泌系统的下丘脑 - 垂体 - 肾上腺轴，帮助调节身体和管理我们对应激的反应。

这种生物学平衡叫做内稳态。当我们遭遇某种应激或创伤，这一平衡就被打破了。例如，如果我们在乡村愉快地散步，突然，在眼角的余光中，我们发现一只灰熊靠我们已经很近，我们感到害怕，这就启动了诸多系统。皮质醇，应激反应时释放的关键激素，激活了自主神经系统，甚至在我们有意识地觉察到之前，就做到了身体动员，如通过改变我们的呼吸、心率和血压，在我们自己觉察我们的生理指标改

变之前就已经把身体调动起来了。这一系统让我们处于能量增加的战备状态，这对于就危险产生"战或逃"的反应是必要的准备。

一旦我们安全地摆脱了有害的处境，身体便回复平常状态，或者说，恢复内稳态。McEwen 将脑功能的这一特性称为"稳态应变"（allostasis）。稳态应变的作用在于让身体尽快恢复正常。除了战或逃，应激反应还有多种模式，包括个人行为上的，如吸烟、改变饮食和运动。我们的遗传和先前经验也对我们的应激反应有影响，当然还有幽默，这种方式使得应激时身体系统中皮质醇水平较低。

McEwen 指出，长期来看不是所有应激源对我们来说都是坏的。有些应激实际上是好的，被体验为有待把握的挑战。当已经能成功地迎接某种挑战，人感到把握感更强，更有价值和韧性，这预示着已经准备好迎接下一次应激。一生中这类经历的积累，对教会我们到老年更有韧性是有帮助的，而且增强了我们个人的勇气。

但如果应激是持久的，又会怎样？如果一个人经历的应激是迁延、持久的，或者发生在长久的混乱、虐待或忽视的背景上，人体系统不能真正回复到正常；而是保持在"开动"的位置，也就是说，对身体各系统造成磨损和消耗。这种持续的"开动"状态为稳态应变负荷，它会引起一系列问题，从免疫功能被压制，到骨量流失，注意力难以集中和记

忆力更差。当 McEwen 和同事们观察稳态应变高负荷者的大脑时,他们发现不同脑区都有相应改变,包括神经元树突更短和突触连接更少。这意味着神经细胞间彼此联系更少。

幸运的是,大脑的可塑性是双向的。而且,我们也知道它是一个处于变动中的器官。如果环境能够造成消极的脑改变,那环境也能造成积极的改变,哪怕在成年后和上了年纪以后。例如,神经影像研究显示,轻快的运动可以改善认知功能,导致前额叶皮质的灰质增加(这对决策及调节社交行为有重要作用),颞叶皮质灰质增加(对记忆、语言和情绪有重要作用)和海马灰质增加(对记忆特别重要)。流行病学家 Michele Carlson 和同事们发现,自愿参加体验营与孩子们相处的老人,在 6 个月后,认知功能更好,他们的功能磁共振显像中,前额叶皮质更活跃(这是负责控制高级心理功能的区域)。

行为、自我控制和对变老态度的重要性

改变态度是我们发展更健康习惯的途径之一,即使某些态度不是天然形成的,也管用。尤其值得一提的是,这适用于我们对变老的态度,即使我们还年轻时也适用。在一系列对老人的纵向研究中,耶鲁大学 Becca Levy 的小组发

现,对待变老的态度会影响我们的健康甚至死亡率(Levy
等,2002,2004,2009,2011)。其中一个研究观察了 600 位
50 岁到 94 岁之间的成年人,采用量表测评自我对变老的知
觉,其中有些叙述是,"情况一直在变坏"和"当你年纪更大,
你就更没有用了。"研究随访了这些人(其中有些长达 23
年)那些早先对变好持积极自我知觉的人,比持消极态度的
人,寿命长 7.5 年。

在另一项研究中,研究小组观察了数百 49 岁以下的健
康成年人对变老的态度,他们都没有心脏病的证据。当这
些人被随访到 30 年时,其中年轻时对变老有负面刻板印象
的人,与呈积极观点的对照相比,30 年间出现心脏问题明显
更多。

与 McEwen 的稳态应变负荷概念相似,这类研究提示,
害怕或预期变老的负担,具有负面作用。这样的态度,怎么
会对患病有影响呢? 一个可能的解释是,持更积极态度的
人,更容易维持总体上更健康的习惯,如饮食平衡、更多运
动、较少饮酒、吸烟的可能更小以及更规律接受体检。虽然
还没有哪种解释能够得到证实,但方向是明确的,如果你希
望后半生过好日子,节制有很大意义。

这是否意味着,如果我们生病了,是由于自作自受,就
像 19 世纪健康改革者信奉的那样? 当然不是。这些数据
是非常一般化的,无论我们个人的行为如何,我们都有一定

脆弱性,对这样或那样不期而至的疾病敏感,疾病的到来可以是莫名其妙的,不需要什么理由的。但是,培养一种对变老"现实而积极"的态度的确有帮助,知道这个还是有益的,即使我们还年轻。

有积极的自我控制和自我效能感,也可以影响记忆。一项由 Levy 小组进行的大规模长期研究中,早先开始时对变老持更积极态度的人,38 年后,在记忆任务测试中表现更好。其中机理还不清楚。一种可能是,对变老持积极态度,与维持更积极、更多互动的生活风格息息相关,而这或许对记忆维持更长有帮助。

自我调节和目的感

与 Levy 的工作类似,Rush 医疗中心的 Patricia Boyle 和她的同事们,研究了老人的认知功能与他们生活中多年来"目的感"的关系。研究者问老人们,他们对自己的经历是否感到有意义,是否曾经追求内心觉得值得追求的目标。同时,Boyle 和同事们测评了老人们的认知功能,如记忆功能。在老人去世后,进行尸检,以确认是否存在阿尔茨海默病,以及病的程度。

研究者发现,更有目的感的老人在认知任务上表现也更好,即使他们的大脑患病的程度与对照一样。7 年间,目

的感得分高的人,保持没有阿尔茨海默病症状的可能比得分低的人高 2 倍。这些数据还不能告诉我们目的感是否能减少阿尔茨海默病,还是病情轻的人更有能力追求自己的目标,从而享有更强的目的感。我们希望,今后的研究有助于进一步弄清这里面令人着迷的关系。

回到真实生活:找到适应的方式

因为我们有能力调节和控制我们行为中的一些方面,在我们就健康需求、欲望和局限之间寻找恰当平衡的过程中,我们持续在适应和改变,无论是体格上的,还是心理上的。

Emily:自我控制和了解自己

Emily,年近五十,最近经历了一系列医疗问题。过去 3 年中,她做了好几次手术,解决呼吸和声带两方面混杂在一起造成的问题。这是一段非常困难的时间,因为她不知道是否会出现一个新的并发症需要再做一次手术。她体重上升,这是经年累月累积的结果,她想减重,可是发现很难做到运动,因为她特别讨厌运动。

最后,3 年过去了,并发症不再发生,最后一次手术成功了。她庆幸在这么多折磨后,生活又回来了,她发现了新的

力量,想把部分精力投入到让身体回归到正常的轨道。她发现,虽然她讨厌健身房的运动器械,但她喜欢游泳池,杠铃也还行。通过跳过自己讨厌的运动,专注于自己喜欢的,她找到了平衡。

"我现在减了 32 磅,"Emily 得意地说,"而且,胳膊上和腿上都显出肌肉了! 真帅。而且,我觉得精力充沛! 会继续专注地做下去。"因此,对老人来说,保持相当好的身体和心理健康也是可能的。2013 年 2 月,101 岁的 Fauja Singh 在中国香港完成了马拉松比赛,这是他在此前 10 年内,第 9 次跑完马拉松。他被称为"戴头巾的旋风",他说自己是在痛失爱子后开始跑步的。他找到了安慰,因为从跑步中得到的快乐,"如果什么事能让你快乐,你会把它做好的。"著名游泳健将 Diana Nyad 最终成功达成了自己的目标,她是第一个不用防鲨笼从古巴游到佛罗里达的人。成功时她 64 岁,已经努力了 35 年。换句话说,她在 64 岁时做到了 29 岁时没能做到事情。

获得帮助,改善自控和避免过度

有时,人可以简单地做个决定,去改变自己的行为,然后就硬扛过去。但很常见的情况是,我们需要帮助,就像我们那些有问题的行为也有着它们自己的"生命",无论医学

界是否将它们看作躯体成瘾或疾病。

Joe：帮助发现一个新办法

Joe 是一位 65 岁的生意人，他来找 Jimmie 帮忙处理他的肥胖，同时他还在接受前列腺癌的治疗。他还曾经遭过髋骨骨折的罪，造成了永久跛行，走路得靠手杖。幸运的是，他的工作不需要太多体力付出，但他控制自己体重的努力并不顺利。

Joe 描述了一种常见的体重上上下下的类型——过度进食，体重增加，然后锻炼，甩掉体重。但现在，锻炼不成了。这次可能减重的唯一方法就是控制自己的饮食，而这，看上去恰恰是他难以做到的。

Joe 开始和 Jimmie 推荐的心理师合作，心理师指导、激励、支持 Joe 遵从一种健康而严格的饮食好几个月。在半年这个坎儿上，Joe 骄傲地告诉 Jimmie，他是怎么甩掉 40 磅的！"我的生活都变了，"他说，"我能更轻快地走路，疼痛也少了，我的自我感觉也好多了。"Joe 的信心上升到新的水平，激情洋溢。感到身体（体重）不受控制带来的心理负担，被自豪感和自我效能感所取代。

对于一些"适度尚可，过分就带来破坏"的行为，我们怎么学会处理呢？例如，酒，是允许成年人喝的，不大可能通

过立法在社会上将其禁止。将大麻和其他娱乐性毒品列为犯罪，也没能制止其使用。

很明显，许多人可以处理饮酒或其他危险行为，不过分使用，不造成成瘾。但是，对一个人来说是每周娱乐的扑克牌游戏，对另一个人来说，就陷入了身不由己的赌博恶习。一般而言，各种治疗还都不算多么成功，但一些疗法对许多人还是很有帮助的。

各种治疗项目中最有名的，是 Bill Wilson 首创的匿名者酒协会。他曾是一个严重的酒瘾者，在 1935 年，他发生了一次宗教觉醒，使他戒掉了饮酒。由此他开始帮助其他酒瘾者，并发现帮助他人也是在帮助自己保持戒酒。很快就有一位医生加入了他的行列，那就是 Bob 医生。他们一起，与其他酒瘾者接触，不到 1 年时间，他们已经帮助了 100 多人战胜饮酒的冲动。他们创立了匿名者酒协会，其中有灵性的成分，即鼓励酒瘾者将自己交给一个更高的力量。每个人如何定义这种更高的力量，随他们自己。精神科医生 Arnold Ludwig 遇到过一个人，他的祈祷对象是"在意我的那个"。

看上去矛盾的是，Bill 和 Bob 寻求自我控制的方法居然是让度某些本来由自己来控制的内容给一个"更高的力量"，这样使戒酒者更容易忍受挫败，给自己的压力也小些。这时用的上谦逊的美德来帮助我们获得不同观点了。虽然

这种方法不能适合所有人,但匿名者酒协会在许多人的康复中是不可或缺的部分。我们在第 5 章提到的 Dorothy,在她找到匿名者酒协会之前,没有什么方法对她有效。而且,就像 Bill,在 Dorothy 持续康复过程中,很关键的一部分就是持续帮助处于相似困苦中的其他女性,也正是这种方法帮助 Bill 克服了自己的局限性。

匿名者酒协会项目的一个特点,是学会识别"把情况搞糟的想问题方式",或者说,是可能导致人一步步接近"翻车"的模式或态度。其他项目,如 G Alan Marlatt 的预防复发项目,特别关注我们所处环境是如何引诱我们以特定方式作为,以及某些想问题的方式是如何导致我们进入危险境地的,通过觉察这样的过程,来学着控制行为。

这种想问题的方式之一,是"表面无关的决定"(译者注:英文缩写与艾滋病一样 AIDS,apparent irrelevant decisions),但这会导致我们踏入诱人的(不良)处境。例如,在 Marlatt 停止吸烟几个月后的某天,他"无辜地"发现自己坐在了飞机上的吸烟区。当他闻到烟的气味环绕在周围,他难以战胜想抽一支的强烈冲动。下一次乘机,他有意识地努力,预留了一个远离吸烟区的位子。

无论节制中遇到的具体问题是什么,所有这些项目具有几个共同点。首先,它们纳入了对我们能控制什么和不能控制什么的认识;还纳入了控制环境因素或找到可耐受

的替代方案作为补偿。这一切都是在给予支持的气氛下进行的，而不是去评判对错得失。而且，这些方法都强调具体的步骤，考虑到社区环境，理解这么做有多艰难。人以群分、心意相通的环境下，实行更容易些。

　　无论我们是单独练习还是按小组方式做，节制和自控帮助我们安享我们的生活。我们越早开始，我们能够获利的时间就越长，并交给老年的自己一个更健康的身体。但是，即使我们在年轻时没有开始这么做，感谢大脑的可塑性，我们发现新方式的能力，还是会给我们带来好处，我们还能够在后面的日子里从中获益。（需要注意的是，节制不要过分，我们当然还是可以在某个时候，享受一下一块好吃的巧克力的！）

参考文献

◆ Alcoholics Anonymous. (1955). *Alcoholics Anonymous: Tthe Story of How Many Thousands of Men and Women Have Recovered from Alcoholism*. New York: Alcoholics Anonymous Publishing, Inc.

◆ Allemand, M., Steiner, M., and Hill, P. L. (2013). Effects of a forgiveness intervention for older adults. *J Couns Psychol*, 60(2), 279-286.

◆ Alvarez, L. (2013, September 3, 2013). Sharks absent, swimmer, 64, strokes from Cuba to Florida. *The New York Times*, p. A1.

◆ Baumeister,R. F.,Heatherton,T. F.,and Tice,D. M.(1994). *Losing Control:How and Why People Fail at Self-Regulation*. San Diego: Academic Press.

◆ Boyle,P. A.,Buchman,A. S.,Barnes,L. L.,and Bennett,D. A.(2010). Effect of a purpose in life on risk of incident Alzheimer disease and mild cognitive impairment in community-dwelling older persons. *Arch Gen Psychiatry*,*67*(3),304-310.

◆ Boyle,P. A.,Buchman,A. S.,Wilson,R. S.,Yu,L.,Schneider,J. A., and Bennett,D. A.(2012). Effect of purpose in life on the relation between Alzheimer disease pathologic changes on cognitive function in advanced age. *Arch Gen Psychiatry*,*69*(5),499-505.

◆ Butler,R. N.(2008). *The Longevity Revolution:The Benefits and Challenges of Living a Long Life*. New York:Perseus.

◆ Carlson,M. C.,Erickson,K. I.,Kramer,A. F.,Voss,M. W.,Bolea, N.,Mielke,M.,McGill,S.,Rebok,G. W.,Seeman,T.,and Fried,L. P. (2009). Evidence for neurocognitive plasticity in at-risk older adults: The Experience Corps program. *J Gerontol A Biol Sci Med Sci*,*64*(12), 1275-1282.

◆ Carstensen,L. L.,Pasupathi,M.,Mayr,U.,and Nesselroade,J. R. (2000). Emotional experience in everyday life across the adult life span. *J Pers Soc Psychol*,*79*(4),644-655.

◆ Cicero,M. T. *Treatises on Friendships and Old Age*.(44 BC). from http://www. gutenberg. org/ebooks/2808.

◆ Cole,S. W.,Hawkley,L. C.,Arevalo,J. M.,Sung,C. Y.,Rose,R. M., and Cacioppo,J. T.(2007). Social regulation of gene expression in human leukocytes. *Genome Biol*,*8*(9),R189.

◆ Danese, A., and McEwen, B. S. (2012). Adverse childhood experiences, allostasis, allostatic load, and age-related disease. *Physiol Behav*, *106*(1), 29-39.

◆ Erikson, E. H. (1950). *Childhood and Society*. New York: Norton.

◆ Hunt, K. (2013, February 25, 2013). "Turbaned tornado," world's oldest marathon runner, retires. *CNN. com*.

◆ Kaufman, M. T. (1995, February 22, 1995). Old man with a horn: Still swinging. *The New York Times*.

◆ Levy, B. R., Slade, M. D., Kunkel, S. R., and Kasl, S. V. (2002). Longevity increased by positive self-perceptions of aging. *J Pers Soc Psychol*, *83*(2), 261-270.

◆ Levy, B. R., and Myers, L. M. (2004). Preventive health behaviors influenced by self-perceptions of aging. *Prev Med*, *39*(3), 625-629.

◆ Levy, B. R., Zonderman, A. B., Slade, M. D., and Ferrucci, L. (2009). Age stereotypes held earlier in life predict cardiovascular events in later life. *Psychol Sci*, *20*(3), 296-298.

◆ Levy, B. R., Zonderman, A. B., Slade, M. D., and Ferrucci, L. (2011). Memory shaped by age stereotypes over time. *J Gerontol B Psychol Sci Soc Sci*, *67*(4), 432-436.

◆ Low, C. A., Matthews, K. A., and Hall, M. (2013). Elevated C-reactive protein in adolescents: roles of stress and coping. *Psychosom Med*, *75*(5), 449-452.

◆ Ludwig, A. M. (1988). *Understanding the Alcoholic's Mind: The Nature of Craving and How to Control It*. New York: Oxford University Press.

◆ Magai, C., and Halpern, B. (2001). Emotional development during the middle years. In M. E. Lachman (ed.), *Handbook of Midlife*

Development (pp. 310-344). New York: Wiley.

◆ Marlatt, G. A., and Donovan, D. M. (Eds.) (2005). *Relapse Prevention: Maintenance Strategies in the Treatment of Addictive Behaviors.* New York: Guilford.

◆ May, W. (1986). The virtues and vices of the elderly. In T. R. Cole and S. A. Gadow (eds.), *What Does It Mean to Grow Old: Reflections from the Humanities* (pp. 61-77). Durham, NC: Duke University Press.

◆ McEwen, B. S. (2006). Protective and damaging effects of stress mediators. *New England Journal of Medicine*, Jan 15, Vol. 338 (3), pp. 171-179.

◆ McEwen, B. S., and Gianaros, P. J. (2011). Stress-and allostasis-induced brain plasticity. *Annu Rev Med*, *62*, 431-445.

◆ Metcalfe, J., and Mischel, W. (1999). A hot/cool-system analysis of delay of gratification: Dynamics of willpower. *Psychol Rev*, *106*(1), 3-19.

◆ Mischel, W., Shoda, Y., and Peake, P. K. (1988). The nature of adolescent competencies predicted by preschool delay of gratification. *J Pers Soc Psychol*, *54*(4), 687-696.

◆ Moffitt, T. E., Arseneault, L., Belsky, D., Dickson, N., Hancox, R. J., Harrington, H., Houts, R., Poulton, R., Roberts, B. W., Ross, S., Sears, M. R., Thomson, W. M., and Caspi, A. (2011). A gradient of childhood self-control predicts health, wealth, and public safety. *Proc Natl Acad Sci U S A*, *108*(7), 2693-2698.

◆ Peterson, C., and Seligman, M. E. P. (2004). Universal virtues? — Lessons from history. In C. Peterson and M. E. P. Seligman, eds., *Character Strengths and Virtues.* New York: Oxford University Press, 33-51.

◆ Sacks, O. (2013). The joy of old age (no kidding). *The New York Times*, p. SR12.

◆ Schroeder, S. A. (2007). Shattuck lecture. We can do better—improving the health of the American people. *N Engl J Med*, *357* (12), 1221-1228.

◆ Stengel, R. (2009). *Mandela's Way*. New York: Crown Archetype.

◆ Stringhini, S., Berkman, L., Dugravot, A., Ferrie, J. E., Marmot, M., Kivimaki, M., and Singh-Manoux, A. (2012). Socioeconomic status, structural and functional measures of social support, and mortality: The British Whitehall II Cohort Study, 1985-2009. *Am J Epidemiol*, *175* (12), 1275-1283.

◆ Tzu, L. (1999). *Tao Te Ching: An Illustrated Journey*. S. Mitchell, trans. New York: Harper Collins.

第 11 章

传承之美
——过去与未来的桥梁

如果我早知道孙辈们这么棒,我第一时间就会想方设法抱上孙子。

Lachlan 和 Gramps

我的同事 James Strain 讲了一个关于旅行的故事,他和妻子带着 7 岁的孙子 Lachlan 一起去了莫桑比克。他们在 ToFu 海岸参加了一项科学调查,因此有机会与地球上最大的鱼类鲸鲨一起游泳。他们的船在与鲸鲨不到 50 米的地方行驶。科学家召唤 Strain 一家跳下去游泳,但是 Lachlan 犹豫不决。"可是,Gramps,它们太大了,会伤害我们的,不能和它们一起游泳。"James 立刻向他保证,"你如果只用手指轻轻地碰碰它们,它们就会离开你游走的。重要的不是

它有多大,而是你对它的感受。"

不久后在学校中,有两个坏孩子想要欺负 Lachlan。他鼓起了勇气说:"你们虽然比我大,但是我可以让你们陷入麻烦之中!"这证明 James 关于鲸鲨的教育起了作用。有时,老一代的看法真的可以改变年轻人的世界观。正如有个需要照顾的人能够使老年人的生活变得更好,但也会具有相反的作用。祖孙关系是这种关系最鲜活、最有意义的版本。事实上,Jimmie 有一种测试可以判定老年人是否真的抑郁了。她称之为"奶奶测试"。

当 Jimmie 询问完一个老年人的一般情况之后,如果她是一个奶奶,Jimmie 则会说:"好的,说说您的孙子们吧。"通常的反应是一种常见的、高兴的笑脸。但是如果笑脸没有出现或者如果反应是"我已经不再能体验到孙辈之乐了",Jimmie 就知道有问题需要关注了。当谈及孙辈带来的欢乐时,诉说者往往会注意不到倾听者其实已经听够了。Jimmie 回忆说,有一位在养老院居住的老人,每天都会被这种"孙子竞赛"弄得心烦意乱,不得不编出一系列的孙辈们。

有个老掉牙笑话说,祖孙之间相亲相爱的原因是他们有着共同的敌人。事实上,正如我们在第 2 章中所说的,他们可能也有一些共同点。他们可能都喜欢享受更轻松的生活,并且能够相互欣赏,而没有中年人责任在肩的包袱。读

书会成员提示,正是这种轻松让老年人和年轻人一样可以自由的大笑。

我们应该指出这种关系有着双重的作用。同样有很多祖父母从他们孙辈那里学到了很多。特别是技术时代的到来,目前科技的发展速度已经远远超过过去。

向年轻一代学习的愉悦

Jimmie 对电子邮件的了解大约是从 15 年前收到了来自她孙女的第一封电子邮件开始的。很显然,如果 Jimmie 想要用现代方式交流的话,最好的方式就是向她的孙女学习。目前,交流已经转为了更加快捷的即时短信,对于年轻人来说电子邮件也太慢了。因此,学习曲线还继续存在。青少年很容易学会使用这些新的通信设备,这些"可恨的机器"(这是老人们爱用的词语)每次更新换代对于老年人来说都是非常糟糕的。孙辈们很享受这种逆转成为教师的角色,因为老年人会虚心接受对于他们不熟悉的科技的教学。

祖 母 软 件

Jimmie8 岁的小孙子 Daniel 则采用另一种方式。带着企业家精神,Daniel 发给了 Jimmie 一封关于他要创立一个新公司的电子邮件:

主题：祖母软件——让当祖母变得更容易

亲爱的 Jimmie holland，

我们在 31M（网站名）推出了一款新软件叫作祖母软件。这款软件有个屏幕，当你有需要时，可以点击屏幕，这时就会得到帮助。这款软件适用于 Holland 家族中 65~90 岁的祖辈，但是我们不确定您是否想要一个。如果您有需要的话，请给我们来封信或电子邮件。

Daniel

不用说 Jimmie 非常自豪的拥有了这款祖母软件！尽管陷入电脑世界中手足无措，但是由于有这些小可爱们的指导，她还能有什么抱怨呢？事实上，她现在已经拥有了祖母软件 2.0 版！Jimmie 和她的丈夫是最幸运的祖父母，他们有着优秀的孙辈，始终使他们保持走在新理念的前沿，并且他们珍惜被给予的资源。显然，来自孙辈们最珍贵的礼物就是在他们认真进行分享的时刻带来的纯粹的快乐（更不用说老年人可以在疲惫的一天结束时将他们送回父母身边）。

这种体验是令人愉悦的，因为在父母工作的时候，祖母作为孙辈的照顾者起到相当重要的作用。许多祖父在退休后也参与照料孙辈。然而，祖母仍占据主要地位，占全部女性照料者的 43%。看来这些女性不仅对家庭是非常有帮助的，而且还能够提高孙辈们的健康水平。

祖 母 假 说

Mary Catherine Bateson 描述了对群居生活物种的研究，比如鹿，如果有老鹿生活在群体中，小鹿存活的可能性更高。祖母与孙辈们之间也有类似的研究，称之为"祖母假说"，由人类学家 Kristen Hawkes 和他的团队提出。Hawkes 提示，在远古狩猎——采集时代，祖母为孙辈准备食物并照顾他们，这使得她们的女儿解脱出来可以生育更多的孩子，并增加孩子生存的机会。

这点在当今的社会也是一样，工作中的母亲常常会寻求祖母的帮助来照顾孩子。Mindy 很幸运在她孩子还小的时候，与她的母亲和婆婆住的很近。不用说，她的母亲和婆婆都可以快速响应，因此她的孩子们（以及她自己）的生活过得都很好！

Jared Diamond 在他的《昨日世界》（*The World Unitl Yesterday*）一书中总结了许多关于传统社会的研究，并介绍了他们对于老年人的态度。他指出，这些传统社会中的老年人即使不再使用长矛，但还是能捕猎小动物和制作工具。老年人始终是技能最娴熟的，竹篮和陶器的制作者。最重要的是，在没有文字的社会，老年人拥有最重要的文化和生存信息——歌曲与传说；最佳放牧场在哪儿以及前几代人

如何在干旱时期幸存下来的知识；哪种植物有药用价值，哪些有毒；几个世纪以来在艰辛中学到的道德品质。所以牧师、医生和领导通常是老年人。

实际上，坦桑尼亚的 Hadza 狩猎——采集部族中的老年女性承担着最繁重的工作，每天花费长达 7 个小时的时间去寻觅块茎和水果。事实上，她们每日工作的时间与他们孙辈体重的增长直接相关。Diamond 于 2012 年发现，在 18 和 19 世纪芬兰和加拿大的农民出现过类似的情况。在这些文化中，相对那些没有祖母的部族，有祖母在的部族会有更多的孩子可以存活至成年。

虽然老年人在很多社会中均起着重要的作用，但是我们无法全面描绘一幅过于乐观的画面……特别是，遗弃老年人这种话题是十分痛苦而复杂的。这种风俗似乎很大程度上取决于老年人是否被认为威胁了该群体的安全。在游牧民族中，他们需要带着所有的物品迁徙，老弱之人便成为了额外的负担。在某些由于气候原因导致长期食物短缺的时候，如在北极，这些被认为不能提供贡献的人（如老年人）则成为最后一个得到食物的人。在此情形之下，老年人的需要被牺牲以确保整个部族的生存。

尽管如此，许多社会中的老人被认为有着重要的贡献：祖母帮助孙辈养成社会期望的特征，如合作、信任以及学习新技能。这种"祖母效应"在我们的进化过程中被认为有

助于人类大脑变大。随着人类寿命的延长,生命的每个阶段都会持续更长的时间。孩子们处于儿童阶段的时间也更长,因此,有更多的时间使其大脑发育为更为复杂的神经网络。2011 年,(美国)由祖父母照料长大的孩子,其数量增加到几乎三百万人。

我们提到过,祖父母与孙辈之所以有很好的关系,是因为他们有着共同的敌人。上有老下有小的生活充满了焦虑,尤其是在孩子们面前做正确的事。还有部分焦虑来自这样的现实,即作为年轻父母,我们不知道自己是否做得足够好,直到孩子们长大成人才能得到真正的验证。同时,上有老下有小的生活意味着需要在孩子们出现梦魇或疾病时半夜起床,而且除了日常生活还要考虑如何平衡职业生涯、养育子女的责任以及对自己的责任。当成为祖父母,自己的孩子们已经长大,可以毫无包袱的给予孙辈爱的时候,这是多么大的幸福啊! 当这种关系为每个人都带来好处的时候,是一种更大的享受,Jimmie 和 Madeline 的故事就是如此,更不用说读书会的其他会员了。

这种隔代关系不仅仅存在于血缘关系之间。许多忘年交也会成为生活中最有价值的友谊,这些友谊源于指导经验或分享工作、项目和合作。本书即是在这种情形下产生的,并且丰富了我们的生活。Jimmie 回忆起三位老师,他们都没有孩子,他们将她护翼在自己身边并给予教导。但是

更重要的是,他们的感情与信心给了她力量去追求她所渴望的目标,包括成为一名医生——这对于大萧条时代的德州农村女孩来说实属不易。

与将要接替她的那一代合作,Jimmie 感受到难以置信的快乐。就 Jimmie 对本领域的影响,Mindy 有着同样强烈的积极感受,总体而言,不论是她自己的个人发展还是职业发展,都受到 Jimmie 的积极影响。我们会在每周三晨会上讨论关于衰老的细节,有时候我们的同事 Kate 也会参与,这会成为一周之最!

如果有机会你最想问你的祖父母什么

所以老年人需要或应该传达什么? 老一辈有着独特的机会和神圣的责任,在过去与未来之间搭建一座桥梁。就像有老鹿的鹿群可以生存得更好,就是因为老鹿可以在干旱或大雪时期找到食物。类似的,老年人可以真实的讲述过去,让历史在年轻一代面前鲜活起来,并且他们能讨论历史中特定时期的问题。经验教训常常与现在和先前的时代相关,往往让年轻人受益匪浅。

Jimmie 的一个朋友给她讲了一个她 6 岁女儿问的问题。"妈妈,您经历过战争吗?"她猜想女儿问的是二战,这是最近的一次战争,妈妈回应道:"当然!""真的呀?"小女

孩说:"那 George Washington 长什么样?"这些随意的交谈促发了特别的机会,进而让后辈了解某些特别的家庭成员,有些是孩子们先前不知道的,有些则只是听别人提起过。是时候分享他们的故事了,当然故事可以展现他们的特殊品质——如勇气和社会正义感等美德,还可以展示故事发生地方的老照片,使年轻一代感受他们从何处而来。60 多岁的 Sharon 与她的侄女分享了她祖父母的回忆和照片,她的侄女从未见过他们。她的侄女对自己与素未谋面的亲人间的相似性感到震惊,比如性格癖好和音乐天赋。

我们常常会错过这种与老人讨论的机会,等发现的时候已经太迟了,这些信息永远的消失了。多少次我们听到,"我要是问过我的祖父就好了……"故事就在那里,老人也乐于诉说过去的故事。创造机会鼓励隔代交流,越多越好。

社区内老年生活辅助机构的一大缺点就是它减少了老年人与年轻人在舒适休闲的环境下日常的交流机会。前面介绍过一个特别成功的例子,是由美国退休人员协会(AARP)赞助的组织体验营,鼓励社区老年人去市内学校做志愿者。该项目提供了一个让两代人可以模拟祖孙关系的经历。正如我们提到的,学生和老年人(大部分是女性参与者)都表示从中获益;孩子们获得额外指导的机会,并且早期的研究表明,这些孩子很少会被送去校长办公室,并且成绩会更好。正如一个母亲写道的,"我们试着与体验营的

导师沟通,因为我们想要邀请她参加 Cassie 的第一次圣餐。她一定得来,她是让 Cassie 爱上读书的人!"

同时,老人也感到做这些事情是有意义的,并且是有用的。Boyle 和同事们最近的研究(在第 10 章有介绍)表明,老年人不仅有心理上的获益;更有意义的是,他们保持了更好的认知能力。另一项我们提过的,由流行病学家 Michelle Carlson 于 2009 年所做的研究表明,老人在项目中得到更多的直接认知获益,特别是在复杂的决策和其他活动中,即使他们是有认知丧失风险的人群。这些发现告诉我们,做一些对别人有意义的事情其实是双赢的,不论是心理上还是躯体上。

真正的好消息是,不同时代的人们有办法以有意义的方式保持联系。今天,家庭健康支持者的骨干,包括一些非常敏感和会关心人的女性,让她们起替代女儿和孙女作用,同时教与学通常是双向的。

Bella 与 Anna

Bella Friedman 是一名 92 岁的退休图书馆员工,她一辈子未嫁,而且家人和好友都已经去世了。退休后她喜欢摄影与画水粉画,但是手部震颤和颈部疼痛开始妨碍她享受这些日常生活。Bella 开始担心不能住在公寓中,但去老年生活辅助机构生活对她完全没有吸引力。我们建议让人来

帮助她。她找到了来自南非的 Anna,她可以帮助 Bella 处理杂事和购物,还可以帮她拿相机,这样 Bella 就可以重新开始摄影了。

正如 Anna 成为了 Bella 最好的帮手,Bella 开始教她熟悉美国的状况并帮助她处理移民问题。她非常骄傲的夸奖 Anna 有多聪明伶俐,就像是在夸奖她自己的孩子一样。

传承的方法都有哪些

食物是家庭生活的核心部分,让 Jimmie 高兴的是她的孩子们喜欢吃她做的德州炸鸡,就像她的母亲和祖母一样。许多隔代间最重要的谈话都发生在餐桌旁。咖啡与甜品一起,餐盘放在一边,为亲密的交谈提供了安全感和舒适感,而这些不太可能会发生在更加正式的场合中。分享食物即是鼓励分享想法,并且在这种背景下往往会讨论很重要的问题。Jimmie 像榜样一样已经在厨房中忙碌超过50 年:

其他房间的装修装饰丰富了生活,但是厨房是家之所系。

在厨房里,女儿们抱怨 Jimmie 的食谱看起来一团糟——一张张便签纸上弄满了黄油和巧克力,她们坚持让

222

Jimmie 把这些收进书中。所以，她做了。她认识到这不仅是一个收集食谱的机会，同样也是描述有这么一个人、这些年一直在为他们而奉献的机会。目前，每个食谱，包括获得它的日期以及关于食谱主人的一些事情，都让 Jimmie 很难忘。现在，它们也会被其他人"记住"。并且在节假日时，如果 Jimmie 质疑食谱，她的家人可以确信他们的菜做的是对的。

我们常常没有注意到或是没有被告知，我们的祖辈甚至更早的先人在那些我们没有意识到的情况下，可能已经在我们身上留下了印记。此外，照片也很有帮助，Jimmie 特别选了一个墙面来挂她和她丈夫的家庭照片，这些都是来自过去的故事。

把故事写下来同样可以使过去保持鲜活生动。Jimmie 和她的两个德州朋友把 20 世纪 30 年代她们母亲的故事收集成册。在偏远地区通电之前，生活非常艰辛——井水需要打出来烧过再做饭与洗澡；使用冰盒子保鲜；煤油灯；屋外厕所；需要从花园采摘蔬菜；手工浣洗与熨烫；周日晚餐的鸡需要一早在养鸡场宰杀；为家庭聚会花费数天进行烘培与做饭。怎么完成其他活计，也是非常值得一提的，更不用说她们在养育子女管理家庭的时候，很少能获得男人们的帮助，男人们的角色被清楚的确定为"在外工作"。

Jimmie 喜欢听她母亲与阿姨们诉说往日的快乐以及她们的小癖好。她记录了很多生动的谈话，这对于孙辈们来

说是珍贵的家庭历史。

如何看待我们自己以及我们的父母

时光荏苒，一个有趣的事实是，我们对自己和父母的看法是随着时间变化的。当我们年轻的时候，我们有与父母相似的想法可能是不可想象的。30多岁的人经常会想，"难以置信，现在我的父母比我小时候认识到的父母聪明多了。"直到有天我们自己成熟的时候，才会真正欣赏我们的父母。随着我们年龄的增长，我们很可能发现自己使用的是熟悉的表达方式并突然想到，"这听上去很像我的父亲！"或者发现声音特质或独特的表达方式，甚至是面部特征似乎也是跨越世代的。

当我们回想起父母的美德时，我们会微笑，感谢他们教给我们的宝贵经验。随着时间的流逝，我们发现自己不会总是盯着他们的缺点了。长大成人的一部分就是我们更愿意，并且能够原谅和忘记，或者至少是放下我们父母的错误。正如我们希望自己的孩子以后也会这样对待我们。

Linda Moore：向前看

在快60岁的时候，由于父亲健康每况愈下，Linda开始意识到自己要从父母身上学习，无论好的或不好的东西。

"我父亲在保持生活平和方面非常成功,"她说,"尽管他非常幽默,他还是会因陷入苦思冥想而使自己沮丧,我的母亲从不会用深思熟虑或焦虑的方式思考事情。她非常现实与实际。""我是一个比我父亲更较真儿的人,"Linda 承认,"因此,我知道我必须努力去'闻花香'。我已经从他们那学会了让自己平静的方式。"

也许在传承方面,同样重要的不只是事实和故事,而是那些无形的、更难识别的东西——我们的价值观和构成美好生活的属于个人的人生哲学。当然,维护高尚的道德价值观是事情的一方面,但我们很清楚,比起让他们看着我们如何行事和现场直击我们是什么样的人,道德观对孩子的影响要小得多。Bateson 于 2010 年仔细地写下了这个过程及其局限性:

我们不能训导我们的孩子去信任,但是我们可以成为值得信任的人,并且向他们展示我们对他们的信任。我们可以通过爱和善意来教会爱。我们可以通过回应他们的美丽让他们变得更美丽。之后我们可以通过展示我们是如何应对老去,或是如何面对死亡,从而给予他们希望和勇气。

然而,她提醒我们,"我们不能靠传承,把所有我们从

经验中学到的东西完全传递下去,因为生活必需去自己学习"。当 Jimmie 和她的丈夫 James,带着他们的二儿子来到 Bard 学院时,学院院长 Leon Botstein 安慰家长的同时也给出警告:"你们的孩子将证明他们将比你们希望的或担心的更像你们。"

相信我们的孩子会成长为一个好公民,这需要极大的耐心与信心;他们将拥有自信,因为他们知道自己是世界上重要的人;他们也会变得谦卑,因为他们知道其他人也是如此……的确,Jimmie 的孩子们已成长为父母所期望的那样,拥有正确的价值观。他们是慈爱的父母,是这个世界上负责任的公民。他们长成了强大的橡树,他们的父母在远处欣赏,有时则被庇护在其树荫之下。Jimmie 看到了她母亲的座右铭,"你必须要让世界变得更加美好一些",已传承给下一代,没有什么比这更值得骄傲的了。Mindy 希望有一天她也可以跟她的两个男孩说同样的话。

老年人能成为过去与未来之间的桥梁,需要思考并计划超越目前的局限生活,Erik Erikson 称之为"我们扩大的社交半径"。但它也表明人们认识到生命的有限性,关心后继者以及他们的世界将会是什么样子。关注星球的命运、关注全球变暖、关注持续存在的冲突以及不断爆发的战争……是这种需求中的一部分,并且确实致力于人类更广阔的未来。老年人可以传承的另一件事就是他们是什么样

的人。年轻人惊愕地看着他们:"天呀,未来我也会成为那样的人吗?"回想起来,Jimmie 可以想起那些在自己记忆中,有着她所钦佩的品质的老人,并且仍然钦佩他们。他们作为她的价值观榜样,她试着去模仿。Mindy 将 Jimmie 和其他老人作为自己的榜样,这也是她希望模仿的。

作家 Judith Viorst 在诗歌中捕捉到我们内心难以表达的情感。这首诗来自《倏忽一甲子》(*Suddenly Sixty*),它饱含了我们的愿望,给那些我们所爱之人,以及那些我们可能永远再也见不到的人们。

最甜美的夜晚与最美好的白昼

——一首给我们孩子和后代的歌

我愿你,我愿你,

我愿你得到这些祝福:

杯中凉爽的饮料,

盘中温暖的食物。

人们养育你、珍惜你、爱你。

窗口映出的灯光,照亮你本迷茫的回家之路。

我愿你有最甜蜜的夜

和最好的昼。

我愿,我愿你有:

谋生的天赋。

满意地收获,

满意地付出。

我愿你,有:

找到正确之路的智慧,

当你迷失在困惑之中。

一首歌在你心灵深处,有人听。

我愿你有最甜蜜的夜,

和最好的昼。

在上方有一个舒适温暖的屋顶,

在内心有个强大的自我。

这份勇气带你去到你一定要去的地方。

同时有善心指导着你,

有好友陪伴着你。

我愿你,我愿你,

拥有一份值得实现的梦想。

所追求的一切都能获得,

幸运的脸上洋溢着笑容。

快乐多多,

远胜过你小小的悲伤。

张开双臂拥抱你的明天,

阳光下扬帆徜徉在深蓝与平静的海湾。

我愿你,有最甜蜜的夜,

和最好的昼。

参考文献

◆ American Association of Retired Persons. AARP Experience Corps: Stories from families. Retrieved July 10,2013,from http://www. aarp. org/experience-corps/our-stories/experience-corps-family-stories. html

◆ Bateson, M. C. (2010). *Composing a Further Life:The Age of Active Wisdom*. New York:Alfred A. Knopf.

◆ Carlson, M. C.,Erickson, K. I.,Kramer, A. F.,Voss, M. W.,Bolea, N.,Mielke, M.,McGill,S.,Rebok,G. W.,Seeman,T.,and Fried,L. P. (2009). Evidence for neurocognitive plasticity in at-risk older adults: The Experience Corps program. *J Gerontol A Biol Sci Med Sci*,*64*(12), 1275-1282.

◆ Diamond,J. (2012). *The World Until Yesterday:What Can We Learn from Traditional Societies?* New York:Viking.

◆ Erikson,E. H.(1950). *Childhood and Society*. New York:Norton.

◆ Hawkes,K. (2003). Grandmothers and the evolution of human longevity. *Am J Hum Biol*,*15*(3),380-400

◆ Magai,C.,and Halpern,B. (2001). Emotional development during

the middle years. In M. E. Lachman (ed.), *Handbook of Midlife Development* (pp. 310-344): Wiley.

◆ Shulevitz, J. (2013, February 11, 2013). Why do grandmothers exist? Solving an evolutionary mystery. *The New Republic*.

◆ Viorst, J. (2000). The Sweetest of Nights and the Finest of Days: A song for our Children and our Children's Children *Suddenly Sixty and Other Shocks of Later Life* (pp. 60-61). New York: Simon and Schuster.

第三部分

把美德付诸实践

第 12 章

当老年人感到不轻松的时候
——孤独和社会隔离

94 岁的时候我怀念可以和人互相拥抱的岁月。我想养一只小狗,这样我就可以抱着一个温暖的小生命了。

——Marjorie

正如上一章所说,人类是社会动物,不论在哪个年龄段,人类的生存和进步都离不开彼此。危难时刻简单地握着朋友的手,或者被友好地拥抱都可以给人带来安全感,这就是很好的体现。社交有助于我们养成一直在讨论的各种美德,比如人道和对同伴的关心,面对困难或恐惧的勇气,分享快乐时的自我超越。以人为镜,可以看到我们作为人的共性,帮助我们拥有归属感,也能让我们感到释怀。

但是,潜在的社会隔离和孤独对老年人来说是一个很特殊的问题。我们之前谈到过的 90 多岁的 Marjorie 就特别想和身边富有爱心的人有身体上的接触。尽管许多老年人

的生活都更轻松自在，但如果没有足够的社交支持，他们也可能会因为担心或悲伤而感到压抑。

有／无社会支持的具体影响

现代生活与社会关系

当人们一生都生活在同一个地方时，社会关系更简单也更持久，老年人是乡村生活结构中不可或缺的一部分，他们能与各个年龄段的人交流。但是现代社会的生活无情地将这种模式终结。现如今，家庭成员分散在不同的城市，甚至不同的国家，从而出现更多的单身或小家庭。据美国人口普查局估计，2010 年约有 3100 万美国人独居，这个数据在 30 年内增长了 40%。而这些独居家庭中，很大一部分是独居老人。

如果搬去"退休社区"居住的话，老年人会有更多、更丰富的机会参加社会交流和社会活动，但他们中的大多数却固执己见，宁愿独居且没有日常的社会交流，也坚持住在家里或者公寓里。因为家或者公寓是他们大部分时间独立生活的地方，是他们在这个世界上为自己创造的避风港。权衡是在家独居，还是在一个充满社会援助却陌生的环境中生活（有着其独特的社会环境），在这两者之间的抉择绝非

易事。

与前几代人相比,如今老年人的儿女长大成人后更可能有自己的工作或事业,所以没有时间照顾父母,这是让老年人更孤独的另一个原因。且他们的儿女在组建家庭时都可能已是大龄青年,还要同时处理工作和照顾年幼子女的问题。还有一个相关的问题是交通,对于成年的子女(尤其当他们有了自己的孩子之后)和逐渐老去的父母来讲,出门相互探望都变得越来越困难。老年人之间也很少串门,尤其是当他们无法开车或需要助行器或轮椅的时候。

老年人需要面临的另一个问题是:寿命越长,失去的老朋友就越多。正如被问起在 104 岁最好的事情是什么时,某位女士经典的幽默回答:"没有同伴的压力"。面临这样的"丧失"时,许多老年人也能结交新朋友,但是大多数人都承认,上了年纪之后结交新朋友真的很难。

Ramona:在人群中依旧独来独往

80 岁的老太太 Ramona 被聪明却冷漠的爸爸一手带大。聪慧但羞涩的个性使她结交朋友十分困难。即使她与爱慕她的男子相识,并结为夫妻,她也会回避社交。她有一个儿子,像她的父亲一样聪明而冷淡。尽管与儿子关系紧张是她的顾虑,Ramona 的前半生过得还顺利,她有非常丰富的精神生活,和丈夫关系也不错。

Ramona 年纪大一些之后，她的丈夫过世了。她患上了严重的关节炎和肺纤维化，这不仅给她带来很大的痛苦，还会影响她走路。如果想呆在家里，她就需要家庭健康助手的帮助。但 Ramona 并不喜欢有人围在身旁，不是冲别人发火，就是责骂，这让别人都对她敬而远之。结果 Ramona 不得不去老年生活辅助机构，但可以确定的是她并不喜欢那里，或者说那里不适合她。她自以为别人没她聪明，可能和她没有共同话题。

Ramona 和外向活泼的 Maureen Davis 有着完全不同的经历。Maureen Davis 是她所住的老年生活辅助机构的名誉主任，我们在第 5 章谈到过她。Ramona 喜欢独处，比起和其他人交流，她更喜欢自己一个人看报纸。所以其他老年人都觉得 Ramona 不太友好，甚至有点冷漠，但实际上她渴望拥有朋友和闺蜜。就这样，她一天中的大部分时间都承受着孤独和抑郁，面对着几乎没有什么快乐的生活，她也不期待新的一天会发生什么。尽管她可以谈论她的生活和回忆，但她觉得自己无法结交新朋友。"我就是这样，"她解释道，"现在改变已经太晚了！"事实上，当人们发现新的互动方式时会很快地去尝试，而 Ramona 没有。

雇佣一个全职或兼职的家庭健康支持者并且和雇主合得来是应对孤独的绝好办法。我们在前文里提到过一位没

有子女的寡妇,她 90 岁时雇佣了一个来自南非的称职的健康支持者,后来她认这位助手为干女儿,这一做法使得双方都受益匪浅。当然,老年人与家庭健康支持者不和将是一场灾难。对于许多老年人来说,雇佣助手会影响他们的独立性并侵犯个人隐私,所以他们在是否雇佣助手这个问题上非常矛盾。

随着社交活动的逐渐减少,就医成了老年人生活的中心,这也是他们一周内唯一的"外出旅行"。碰到友好、有趣的医疗团队时,就医的过程将是非常积极的体验;但是如果值得信赖的医生或护士变得不耐烦或生气,或者忽视老年患者而与他们的家属或助手交流,老年人就会感到气愤和难过。这就强化了成为别人负担的感觉和无价值感,让许多老年人感到耻辱。

晚年的社会关系与健康

保持良好的关系不仅让老年人感觉舒服,而且正如一些研究告诉我们的那样,良好的关系是维持身心健康的重要因素,甚至可以预测死亡率。在对这些研究进行探讨之前,我们需要了解其中使用的研究变量及测评方法。

● 社会联结／社会融入性:通过简单地计数老年人与家人、朋友和组织机构的社会联结来衡量。

● 社会孤立性:社会联结少。社会联结越少代表着社会孤立越强。

● 孤独感:指人们社会联结少于内心期望值时的个人主观感受。现在普遍使用的测量孤独感的方法是患者自我报告问卷,如加州大学洛杉矶分校的孤独感量表。

这些测评方法能够更加科学地考察人以及人际互动,孵化出一系列有健康提示意义的研究。

社会孤立对健康和死亡的影响

在 20 世纪 60 年代,流行病学和社会学的研究者开始探索社会关系与健康之间的关系。1988 年,James House 及其同事回顾了大批相关研究的文章。这些研究探索了美国加州、佐治亚州、密歇根州,瑞典和芬兰等地区和国家社会联结和死亡率之间的关系。

无论研究在哪里进行,得出的模式都是相同的。社会孤立的人比社会联结丰富的人在研究期间死亡的可能性更大。一项研究追踪了加利福尼亚州阿拉米达县的 5000 名成年人近 10 年。研究人员通过涉及配偶、家人、朋友和组织机构的联系来评估受试者的社会联结和社会指数得分。社会指数得分低的人死亡的可能性是得分高的人的两倍。House 及其同事还发现,社会孤立与吸烟、高血压、肥胖和缺

乏体育锻炼等因素一样,同是导致死亡的危险因素。

　　为什么会这样,我们稍后将要讨论。接下来让我们先探讨一下孤独的主观体验。

孤独——领悟孤立的情绪影响

　　独处的感觉不一定不好,有些人会非常珍惜独处的时光。独处时的沉思默想使我们心旷神怡,独自做一些喜欢的事情也让我们乐此不疲。很多时候人们不是独处而是孤独,这种感觉并不好。早在几千年前的各种文化中就有了对孤独的描述,然而,直到 19 世纪才开始出现对孤独的科学研究。19 世纪 50 年代后期,精神分析学家 Frieda Fromm Reichmann 在她的开创性论文《孤独》(*Longliness*)中提出了对孤独的认识。

　　近来,科技的发展让沟通变得更快捷、频繁,并且提供了多种社交方式。但这种即刻的沟通取代了许多更有意义的交流方式。促膝长谈的沟通方式比互联网和邮件的沟通方式更加亲密和交心。一位奶奶说出了她 15 岁孙女探望她的趣事。这位奶奶很生气地对孙女说:“如果你不把那玩意儿放下再和我说话,我就把它扔马桶里冲下去!”于是就有了一段异常惊喜和相当有爱的对话。

　　大多数人短时间关注老年人就能发现孤独给他们的精

神带来深远的影响。一些预测表明,5%~15%的老年人经常感到孤独,因为他们可能更容易失去朋友或家人,而且要面对潜在的"被隔离"的问题,如行动不便、视力和听力的下降等。幸运的是,我们一直谈论的性格优势和美德可以提供一些帮助。但首先让我们进一步探讨孤独的深远影响,其中一些影响最近才被研究者逐渐发现。

近几年,研究人员一直在探索孤独对各个年龄段人群的身心影响。由 Cacioppo 和 Hawkley 领导的芝加哥大学研究小组发现,持续高水平的孤独感会对我们不同阶段的生活产生严重影响。正如他们所说,孤独感带来的不快也许是人类进化的产物,因为生存依赖于团结协作。社交的需求像生理需求一样至关重要。从社会角度讲,孤独可以是疼痛、饥饿和口渴的化身。孤独在各个年龄段都很常见,占15%~30%,这表明人类的基本需求还未得到满足。它的影响随处可见,比如我们的心理健康,再比如我们的身体功能。

在心理健康和认知功能方面,孤独早已被认为是导致抑郁和死亡的罪魁祸首。有研究显示,持续一年的孤独可能会导致抑郁。Reijo Tilvis 和同事们研究发现,在研究开始时老年人的高水平孤独感与其未来4年内认知能力的下降速度有关。Robert Wilson 和同事们通过10年的研究也证明了这一点。

孤独对身体的影响

越来越多的纵向研究证据表明,即使考虑到年龄、性别、吸烟和抑郁等因素,也可以预测到孤独使躯体疾病发生率和死亡率的增加。孤独似乎也会加速生理衰老,成为糖尿病、心脑血管疾病等慢性病的危险因素。在一项追踪女性 19 年的研究中,Cacioppo 和 Hawkley 发现,长期孤独的女性血压平均比没有孤独感的女性高 16mmHg。

社会心理学家 Lisa Jaremka 及其同事发现,感到孤独的乳腺癌患者比不感到孤独的患者更容易出现疼痛、疲劳和抑郁症状。感到孤独的患者组巨细胞病毒抗体也处于较高的水平,进一步表明孤独与身体免疫功能之间可能存在关联。

随着时间的推移,社会隔离和孤独会导致身体发生怎样潜在的毁灭性改变呢?尽管研究人员仍在试图确定原因以及影响,但他们已经开始揭开这种神秘关系的层层面纱了。

社会隔离,孤独和健康行为

一个合乎逻辑的解释是孤独或被孤立的人不太可能有

人提醒他们服用药物或关照他们。如果 Maureen Davis（她
所在的生活社区的名誉主任）看起来不对劲儿，她社区中的
朋友可能就会注意到并建议她去看医生。但对于像 Ramona
这样的独居者而言，这种可能性就会降低。在关心他人的
同时也能够使我们的健康习惯变得更好，能够寻求最佳的
医疗帮助。孤独的人也可能对健康行为不那么注意。研究
表明，他们不太可能去参加体育锻炼，更有可能喝酒、吸烟
以及出现肥胖。

　　此外，Hawkley 和 Cacioppo 的研究发现，孤独的中年人
和老年人与不孤独的人相比，不仅出现更多的日常慢性压
力，他们在从事相同的活动时也会感受到更大的压力，而且
会感到无力处理。Hawkley 和 Cacioppo 发现了一种倾向：对
于过去的事件，孤独的人比不孤独的人记得更多负面的社
会信息，这也许是压力增加的原因之一。此外，他们的行为
倾向于引起他们所预期的那种消极行为，正如 Ramona 在社
区中的邻居发现了她的冷漠，也就远离了她，让她和她的报
纸待在一起。Hawkley 和 Cacioppo 的理论还认为，孤独的
人往往在社交上觉得不安全，无论是否是下意识的，他们都
在观察周围环境时过度警惕，以防潜在的或感知到的威胁。
如果你还记得 Ramona，她在入住那个社区之前就很确信自
己不能适应那个社区的生活。孤独的人也被发现比不孤独
的人分泌更多的皮质醇，这在过度警觉或压力增加的情况

下也是可以出现的。在第 10 章中我们提到,当出现长期性的皮质醇升高时,会增加正常状态下的负压。这可能解释了由于免疫功能障碍,皮质醇对于躯体各部位的作用而带来的许多躯体问题,我们还发现这些问题与慢性病的发展有关。

从积极的方面来说,即使是一点点有意义的社交关系也会有深远的影响。精神病学家 Joan Kaufman 及其同事于 2004 年研究了受虐待的儿童,他们也有抑郁症的遗传易感性,被称为短 SERT 基因。她发现,与家庭以外的可信赖的成年人接触可使他们患抑郁症的风险降低 80%,即使只有每个月一次的访问。

孤独的老人可以做什么来减轻孤独感

如果老年人可以接受的话,其实有很多可能的方式让他们更多地去与他人交往(也许他们不会这样做,我们也会在后面讨论)。这没有金标准,也没有一刀切的解决方案。每个人都是不同的,要找到一个适合每个人的正确方法需要时间和耐心。当然,第一步是要认识到我们是孤独的,并且能从与他人更多的交流中获益。如果你认识孤独的老人或者你自己就是孤独的老人,那么这里有一些推荐尝试的方法。

帮助他人——人性中的美德

孤独的一个副作用是在独处的很长时间里我们会沉浸于反复思考自己和一些不愉快的境况，而无处转移注意。若是能够找到某种方式去帮助他人则是双赢的。它会让我们从自己的问题中脱离出来，让我们能够在帮助他人的过程中得到情感上的收获。你是否还记得我们之前对体验营的讨论，志愿服务不仅可以在情感上帮助老年人，在身体和认知上对他们也有益。

一些私人定制读书会成员会为盲人读书或者在厨房中做志愿者。一些人会在自己的公寓楼中参与志愿项目，其他人可以为了他们而登记入住或者为他们购买杂货（结对照顾）。这样的项目可以在较大的公寓社区内创建一个更小、更亲密的团体。

有时，人们不太能接受定期的志愿服务。就像92岁的 Meryl Specter，但 Meryl 没有觉得失去了与世界的联系。Meryl 为自己热情的自由主义政治感到自豪，她很享受为她所热爱的总统竞选活动做出贡献，并时刻关注她喜欢的领域的最新文献。心理学家 Elizabeth Dunn 的研究表明，为别人花钱会带来很好的感觉，无论花多少钱。Brown 和他的同事们同样表示，对于老年人来说，任何付出，无论是时间、金

钱还是商品,都会在情感上和身体上有很大的好处。帮助他人的能力并不取决于社会地位。即使没什么钱的人也可以通过帮助邻居获得像富有的慈善家一样的快乐。

Helen Bloom

Helen Bloom 是一位 85 岁的退休护士,她特别喜欢能够以特定和专业的方式帮助他人。她在同一家医院工作了50 年,深受患者的喜爱。即使在她退休后,她仍然在她的社区活跃着,她经常去探访生病的人们,并为老年女性举办了一个互助小组,深得大家的喜爱。她找到了帮助他人的意义和目的,并且很高兴能够通过帮助他人把自己的注意力从关节炎的痛苦以及亲朋好友去世上转移出来。

运动——节制的美德

运动会伴随人生的各年龄段,并且我们可以肯定的是它对精神和身体的好处是如此之大。虽然老年人并不再像年轻人一样活力四射,但运动还是值得人们强迫自己去做的一件事。如果能够有一个可以一起运动并且能够同样从中获益的伙伴,那就更好了。运动还有助于保持内啡肽的分泌,从而减少疼痛并增强健康。老年人锻炼小组是特别有帮助的,社会支持对双方都有强大的积极影响,因为它们

不仅为社交和认识新朋友提供了合适的机会,还可以让我们摆脱过于清静的家庭环境。如果老年人亲自去体育馆或老年中心有困难的话,那么让物理治疗师来到家里不失为一个对情绪和健康均有益的好方法。治疗师也可以给他们提出改善平衡的建议,预防老年人跌倒。

学习新课程或参加小组
——智慧、人性作为一座桥梁

活到老,学到老。George Dawson 在他 90 多岁的时候还在学习阅读,借此成为了很多人心中的英雄。正如我们之前所讨论的,保持我们大脑的活跃与警觉在很多方面都是非常重要的。无论是在老年中心、学校还是大学,学习新课程都是一种与志同道合者交流的方式,你可以学习哲学、陶瓷工艺,也可以学习太极,而且无关年龄。有一些像 Ramona 的人,即使她觉得自己不会与其他人有什么共同之处,也可以找到一个像这样让她感到安全的环境。这也是 Nancy,一个 60 多岁退休的建筑师,希望在她老了的时候能在大学附近参加"退休社区"的原因。这是一个可以接近拥有相同兴趣的老年人和其他年龄学生的机会,更不用说社区里配备有不知什么时候就会派上用场的医疗中心。

击败孤独的另一种方法是参加一个你喜欢的俱乐部

（例如，在临近的图书馆或社区中心做自己喜欢的事情，无论
是阅读、写作、编织、看电影或戏剧、烹饪、摄影或其他任何
事情），能够有与他人分享的话题是让人兴奋的，也是有趣
的。参与到读书会的活动中对于所有加入的人来说就是这
样一种愉悦的经历。

　　还有一种方法就是作为老师去教授你喜爱的课程。就
像 Eddie Weaver 离开了他的物理学岗位后在当地一所社区
学院组建了工程系。或者像 Mindy 的岳母 Judy，一位公立
学校的退休计算机老师。Judy 现在已经 80 岁了，自她退休
后就一直在她的老年中心教授老年人如何使用电脑和平板
电脑，以及如何成为一个熟练的互联网使用者。她的学生
们对她的指导都十分感激，因为这不仅可以帮助他们与无
法在一起的亲朋好友联系，还可以帮助他们接触科技前沿，
跟上这个世界更新的脚步，毕竟每一次新进展都可能意味
着新的机会去建立有意义的联系。

照顾一只宠物——超越的美德

　　你无法想象一只宠物在帮助我们摆脱孤独时起到的作
用有多大。我们都知道，假设你也知道，当有个宠物去照顾
和爱护同时也被它爱着的时候，许多老年人会因此得到无
可比拟的慰藉。因为宠物了解我们的心情和需求，所以我

们几乎感觉像是有个人陪在身边。在门口迎接我们,跳到我们的腿上,一起睡在床上,为了暖和钻进外套里,这些都为我们提供了一种十分舒适的亲密感。79 岁的 Betty 说,每天早上叫醒她的不是这个美好的世界,而是脸上被小猎犬留下的湿答答的口水。与一个友善的小兽相亲相爱可以彻底击败孤独。63 岁的 Laura Slutsky 觉得她的两只狗给予了她回家的动力和理由。Kate 还记得一个下午,她坐在沙发上,特别伤心,就开始哭起来。她的猫咪从房间里跑出来,从椅子上跳到桌子上,跳到地板上,接着跳到另一张桌子上,跳到沙发上,再跳到她的大腿上,然后开始舔她的眼泪。

宠物在很多方面都可以帮助我们。研究显示,即使像抚摸狗这样简单的小事儿也能降低血压,增强平静感。随着动物治疗出乎意料的增多,我们可以看到宠物是多么的有帮助,例如,去养老院和社区访问住院儿童和老年人的小狗,它们始终保持着积极的反应。几十年来,导盲犬一直用来帮助盲人的行动。

工作犬助人机构训练犬类帮助人们应对各种挑战。例如,对于坐轮椅的人来说,狗可以帮助他们打开门和柜子,付钱给收银员,并进行许多其他活动;该组织还可以教给这些坐在轮椅上的人如何掌控他们的狗。狗还可以帮助患有感觉问题的自闭症儿童。一位母亲分享了这样的经历,她儿子的狗是如何把他从自己的小世界中"拉出来",甚至能

够帮助他入睡。我们总是能找到新的可能性,现在训练有素的狗可以帮助有创伤后应激障碍的退伍军人控制自己的恐惧,以减少他们的痛苦;英国甚至开始尝试用狗来帮助老年痴呆症患者;甚至是用马匹来帮助青少年。

宠 物 的 爱

　　Joanne 和她的丈夫 Sigh 是"贵宾犬人",每天 3 次遛狗是一种让他们在户外锻炼的方式。在 Sigh 去世之后,Joanne 仍然保持每天 3 次,每次步行 1 英里,这对动物和人类来说都是好事。但更重要的是,当她在小狗公园遛狗时,在"狗狗的世界"她遇到了她的好朋友,并且可以享受由此形成的日常社交内容。

　　当公寓楼不允许养猫和狗时,鸟类可以成为最佳选择。Jimmie 回忆起一位年长的女士,她养了一只金丝雀,对它就像孩子一样爱护照顾着,常常会沉醉在金丝雀的歌声里。还有 Mildred 和 Oscar Larch 的鹦鹉 Jocko 甚至从它的栖息地飞回家。即使只是观看金鱼或热带鱼也可以提供美的享受。照顾宠物鱼的健康可以对他们的照顾者产生深远的影响。还记得 Langer 和 Rodin 的研究吗?即使负责照顾一株植物也能改善养老院居民的生活,这是不可估量的。

　　照顾一株植物与照顾一只宠物有着相同的意义。一个只和家政阿姨生活在一起的孤独的老人在她的居民楼里捡

到被丢弃的兰花,把它带回了家。在家里她为这些被抛弃的宝贝组建了一个"兰花复苏区域",精心照顾,让它们慢慢地恢复过来,重新开花。她说:"当它们被爱着的时候,它们能够清晰地感受到。"

通过网络资源获得支持
——人性和学习新事物的勇气

一方面,在线互动和社交媒体让人们比以往更容易相互保持联系。另一方面,科技变化的如此之快,对于老年人来说很难跟上发展的脚步,最终他们往往感到更加孤立。

不仅仅是老年人。就在不久之前,Mindy 让她的孩子教她如何使用很普遍的电视遥控器(这么多按钮!)。一旦她的孩子离开家,Mindy 就会更难跟上科技的发展。她掉队的时间越长,就越难享受这些科技发展带来的优势,接着她就会落后。跟以前相比,现在脱离互联网的老人与外界联系的机会可能更少,因为其他人不太可能使用"老式"的方法,比如电话和邮件。

对于不具备计算机知识的老年人,老年中心的计算机课程(如 Judy 教授的课程)或当地学校为初学者开设的计算机课程是一个非常有帮助的开始。老年人可以遇到知心挚友,同时他们也可以学习如何与网友联系。甚至还有专

为老年人提供的网络支持小组。对于那些待在家里的人来说,他们可能是上天所赐的一份特别的礼物。

五月的妈妈们:虚拟世界的朋友也是真正的朋友

Mindy 怀着 Max 的时候参加了一个虚拟世界中的社团,社团里的女同胞们聚在一起是因为她们的孩子同年同月生——1996 年 5 月,所以她们自称"五月的妈妈"。她们当中的大部分人在现实中未曾谋面。

一直到 2014 年她们之间依然保持着联系。2006 年,Mindy 开始化疗,她"虚拟"的朋友们帮助支持着她度过了这段时光。甚至有些人还亲手为她做了一条漂亮的被子(用她最喜欢的颜色黄色和黑色做搭配),为她保暖。每个女同胞负责装饰一块方形布料,然后其中一个人将这些布料缝在一起,另一个人将被中填满棉絮。在打开盒子的一瞬间,Mindy 的心被震撼了。即使是来自虚拟世界的朋友也能以实际、真实的方式帮助到我们。

通常情况下,电脑也可起到正向激励作用。虽然存在争议,但有证据显示,无论文字类还是数字类的电脑游戏都有助于维持记忆力。一些受到热捧的消遣方式都能起到正向激励作用,如桥牌、单人纸牌游戏、在线拼图和语言类的游戏等。完成一份拼图还能带来愉悦感和掌控感。聊天室和虚拟社团更有助于结交志趣相投的朋友。在接受乳腺癌治疗时，Mindy 发现虚拟社团简直就是一个无价之宝，她可以在这里获得信息和支持。当然，她在选择网站这方面做得十分谨慎。

长辈经常会向年轻的家庭成员请教如何使用电脑，而 Jimmie 则可以依靠她外孙开发的"祖母软件"，外孙在得知 Jimmie 已经能熟练地使用 2.0 版本之后感到十分高兴。使用电脑对每个人来说都是十分有趣的体验，但实际上在这个过程中也会遇到一些障碍，因此教学双方都需要提前做好功课。既然 George Dawson 都能以 98 岁的高龄学习阅读的话，那年轻人和 80 多岁的老人，甚至百岁老人都应该给自己一个机会去接触现代科技。

克服惰性是需要他人帮助的

这些建议对有动力去尝试的人来说非常有益，但那些过去足不出户或很难克服社交孤立惰性的人该怎么办呢？

孤独的老年人经常拒绝外出交友或去老年人中心。即使是打个电话问点什么事对他们来讲都太过费神。他们可能都经受着抑郁的折磨，明明能治却不去治疗，而固执地认为自己只是变老了。U 型曲线数据提示我们抑郁并不是必然的。众所周知，与过去相比，许多老年人更满意现如今的

生活。那我们为何不努力成为他们中的一员呢?

这个部分告诉我们,当我们无法独自对抗孤独时,还可以通过各种方式获得帮助。这种强烈而沉重的孤独感可能在遭遇丧偶或丧友、对过去强烈的失望或遗憾、与孩子或其他家人出现冲突、身体上的残疾或抑郁时出现,很顽固,难以动摇。

第一步是识别这些情况

有时,当我们相当痛苦时我们知道自己需要帮助。但有时,我们并不知道,而且还认为老年人感到悲伤和孤独是不可避免的,就像别人不时提醒我们的那样。所以基于此,基层医护人员的首要任务是识别这些需要心理援助的老年人。通常洞察力强的护理人员能发现他们行为上的变化。越是多年服务于老年人的医务人员,就越有可能发现那些令人担心的蛛丝马迹,比如老人们会说"我每天就是盯着四周的墙""我睡醒之后觉得没有什么起床的理由""我活着就是在占地方,对任何人都没有意义"等。

一名优秀的内科医生会对患者进行详细的体格检查,以排除躯体问题造成的不良情绪;还有一个关键是向保姆或家庭成员询问老年人的异常行为;向老年人提供应对孤独的建议十分必要,例如建议他们致电咨询老年公寓的

信息,或给当地健身房打电话,咨询锻炼身体的事。如果Jimmie的患者能每天给朋友打一个电话,她就会在患者的"成绩单"上打 A。重要的是患者要意识到这些宝贵的资源,如学校、健身房、社区艺术课程、图书馆活动和老年公寓等。许多城市为社交互动和社交支持提供了大量的机会。

初级保健医生可能会认为,把有心理问题的老年人转诊给心理治疗师是正常的程序。但对于老人们来说,他们会认为任何"心理问题"都意味着严重的病耻感,如果有心理问题,就意味这个人的道德有问题。所以至少在一开始他们可能不希望因为这些问题求助于人。如果他们改变主意或愿意相信医生的判断而去尝试治疗的话,那么医生向老年人推荐几位经验丰富的专业人士以供个人转诊,对老年人来说是很有帮助的。

然而能够解决老年人心理问题的专业人士为数不多。随着人口老龄化趋势的加快,医疗保健系统才刚开始着手解决这个问题。目前已有一批提供心理健康服务的专业人士——社会工作者往往是前线团队的一员;心理学家和心理咨询师也可以提供帮助;有虔诚信仰的老年人会愿意接受社区内有辅导技巧的神职人员的帮助。

当出现严重的、需要药物治疗的抑郁或焦虑症状时,治疗团队就需要有精神科医师的加入。尤其需要关注抑郁

症,调查结果显示,上了岁数的白种人抑郁的自杀率高于其他种群。精神卫生专业人员与初级保健医生的联系越紧密,老年人的随访就越好。我们希望治疗团队成员之间的办公室离得很近,但更好的是,在医疗团队中能有一名可以提供心理健康服务的人,这将是最佳的组合。

老年人咨询:美德和性格优势在治疗中也发挥着作用

Cacioppo 和 Hawkley 于 2009 年进行了一项针对不同心理治疗方法在孤独人群中的有效性的 Meta 分析研究。结果表明,孤独人群的社会敏感性和更容易记住社交消极面而不是积极面的特点,使得他们更不愿意与人有下一次交往。反之,这样的特点让他们难以获得积极的社交体验,致使他们下一次更不愿意尝试交往,从而形成了一个“孤独反馈循环”。

这些研究人员还发现,旨在帮助老年人重塑这些负面假设的疗法是最有帮助的。例如,Ramona 肯定在某些时候有过积极的社交体验,那么在治疗中就可以鼓励她回忆这些好的体验,以抵消她的低期望。无论治疗师的流派师承如何,最重要的永远是保持信任和相互尊重的治疗关系。团体咨询可能会有所帮助,但对于孤独的人这种方法并不

常用。

在治疗师试图帮助孤独的老年人重建社交体验或是应对随衰老而来的失落感时，我们一直在讨论的性格优势和美德就变得非常有帮助。多年来，Jimmie 发现在与耄耋老人做个体治疗时提到"美德""优点"和"鼓励"等词汇，治疗效果会更好。这些词汇伴随他们长大，与他们不太熟悉甚至质疑的现代心理学术语相比较，更有意义。

治疗师或亲友们需要做的第一步是倾听。真正了解困扰老年人的问题，以及他是如何去应对这些问题的。探寻并真正理解事情的原委是十分有必要的。困难的挑战来自许多方面，例如一些新出现的经济问题或个人问题、身体状况的恶化、对记忆问题的担忧等。阿尔茨海默症的病患很常见，但好在大多数老年人的记忆问题只是因为年龄较大，属于正常的良性健忘症。

我们不应只考虑眼前的问题，更重要的是帮助老年人回忆他过去解决危机和困难的方法，然后将这些方法重新应用到现在的状况当中。我们发现有些话的效果特别好——"回想一下以前其他人是怎样评价你很有勇气的""其实现在你在处理问题的过程中就展示出了这种勇气"。勇气是人类几千年来依靠的关键美德之一。自尊感往往也随着老龄化而降低，作出"你可能做得比你想象得更好！"的暗示，可以增强自信心，支持老年人享受之后的人生

旅程。

利用美德对抗孤独的另一个渠道是学会宽恕。心怀怨恨的人会感到与他人有隔阂;过于深究过去的经历也会使我们陷入困境,很难活在当下,无法达到许多老年人理想中"轻装前行"的状态。有时候老人们能原谅别人的过错,却对自己过去犯下的错误无法释怀。如果他们曾有过原谅他人或被他人原谅的经历,那他们可以借鉴这些经历帮助他们原谅自己,接受无法改变的过去,放下心中的负担。

智慧的美德运用起来并不简单。老年人专家小组的两位专家都发现老年人不喜欢被形容为"有智慧的"。但如果这个评价是恰当的(而不是其他人为了哄他们高兴而做出的尊老行为),那我们可以提醒老年人他们过去的某些决定是有智慧的,或者他们从经历中总结出的经验是智慧的体现,或者他们在处理困境的时候表现出了智慧。得到他人的肯定和赞扬有助于增强自尊和乐观,这样老人们可以以同样的方式更好地应对新的挑战。

另外,提醒老年人注意身边的"小确幸"会给生活带来全新的改变和体验,他们会变得更开放。例如 Dorothy Kelly 发现,每天早上在房间的角落里冥想 15 分钟,能使她一天的新生活充满力量。在工作或者匿名戒酒者互助会中帮助年轻的女性戒断酒瘾,也能获得类似的愉悦体验,这让她不

再感到孤独,并能够享受自己的生活。

电　话

在有需求的时候,无论是接听还是拨出号码,电话依然是老年人相互沟通的重要媒介。从听筒中传来的他人温柔的声音是无法被邮件所取代的。就像我们在前言中所描述的,Jimmie 的老年精神病学团队为老年人开发了一套电话咨询的工具——咨询中会回顾他们以往的生活,着眼于他们的优势,以更好的方式去重新解决问题和应对孤独感。到目前为止,初步的数据表明这些技术有助于对抗孤独感,并能够鼓励他们更好地应对问题。

在照顾老年病患方面,经验丰富的医生可能会惊讶地发现,即使每周一次简单的电话随访也会带来惊人的影响。心理学家 Alice Kornblith 及其同事在一项针对癌症化疗的老年病患的大型研究中发现,每个月 1 次的电话回访可以减少患者的焦虑和抑郁。有趣的是,当询问病人对这些电话回访的感受时他们通常会说,"在我每个月的例行复诊之间感觉还有其他人在照顾我。"与 Kaufman 及其同事在 2004 年的研究类似,像这样小的干预(一点点的社会支持),能使老年人积极的体验感增加很多。

药　　物

许多老年人不喜欢额外再服用药物,这是有充足理由的。很多时候他们需要服用药物的长长的清单和这些药物的副作用会让他们感到难过、孤独和抑郁。有时候去掉不必要的用药,或仅仅是药物减量都能缓解他们的情绪,再或者增加一些精神科的用药可能也会有帮助。即使以上这些措施都有效,但医生的经验告诉我们还是应该从低剂量慢慢开始,然后监测副作用,以使获益最大化。有时药物和心理咨询两者相结合的效果是最好的。

无论是出于情绪、心理还是医疗方面的原因,当我们的社交情况符合内心的预期时,我们会做得更好。而且,即使我们的社会交往未达到预期,与过去的假设相反,我们的大脑和身体也会比我们想象的更有活力。虽然很难完全改变整体的社交环境,但只是稍微调整一下就会对我们的感受产生重大影响。

参考文献

◆ Barger, S. D. (2013). Social integration, social support and mortality in the US National Health Interview Survey. *Psychosom Med*, 75(5), 510-

517.

◆ Burmeister, S. S., Jarvis, E. D., and Fernald, R. D. (2005). Rapid behavioral and genomic responses to social opportunity. *PLoS Biol, 3* (11), e363.

◆ Cacioppo, J. T. and Patrick, W. (2009). *Loneliness : Human Nature and the Need for Social Connection.* New York: W. W. Norton.

◆ Creswell, J. D., Irwin, M. R., Burklund, L. J., Lieberman, M. D., Arevalo, J. M., Ma, J., Breen, E. C., and Cole, S. W. (2012). Mindfulness-based stress reduction training reduces loneliness and pro-inflammatory gene expression in older adults : A small randomized controlled trial. *Brain Behav Immun, 26* (7), 1095-1101.

◆ Dawson, G., and Glaubman, R. (2000). *Life is Good.* New York: Random House.

◆ Dobbs, D. (2013, September 3, 2013). The social life of genes. *Pacific Standard.*

◆ Fromm-Reichmann, F. (1959). Loneliness. *Psychiatry : Journal for the Study of Interpersonal Processes, 22* (February), 1-15.

◆ Gierveld, J. d. J., van Tilberg, T., and Dykstra, P. A. (2006). Loneliness and social isolation. In A. P. Vagelisti and Perlman, D. (eds.), *Cambridge Handbook of Personal Relationships.* Cambridge : Cambridge University Press, 485-500.

◆ Hawkley, L. C., and Cacioppo, J. T. (2010). Loneliness matters : A theoretical and empirical review of consequences and mechanisms. *Ann Behav Med, 40* (2), 218-227.

◆ Hawkley, L. L., and Cacioppo, J. T. (2007). Aging and loneliness : Downhill quickly? *Current Directions in Psychological Science, 16,*

187-191.

◆ Hawkley, L. C., Thisted, R. A., Masi, C. M., and Cacioppo, J. T. (2010). Loneliness predicts increased blood pressure: 5-year cross-lagged analyses in middle-aged and older adults. *Psychol Aging*, *25*(1), 132-141.

◆ Heaps, S. (2012, December 3, 2012). Service dog, boy with autism are likely best friends, web. *The Daily Herald*. Retrieved from http://www. heraldextra. com/news/local/south/spanish-fork/service-dog-boy-with-autism-are-likely-best-friends/article_c72a2824-a7e0-53ae-8241-2e1f6b25dcea. html

◆ House, J. S., Landis, K. R., and Umberson, D. (1988). Social relationships and health. *Science*, *241*(4865), 540-545.

◆ Jaremka, L. M., Fagundes, C. P., Glaser, R., Bennett, J. M., Malarkey, W. B., and Kiecolt-Glaser, J. K. (2013). Loneliness predicts pain, depression, and fatigue: Understanding the role of immune dysregulation. *Psychoneuroendocrinology*, *38*(8), 1310-1317.

◆ Kaufman, J., Yang, B. Z., Douglas-Palumberi, H., Houshyar, S., Lipschitz, D., Krystal, J. H., and Gelernter, J. (2004). Social supports and serotonin transporter gene moderate depression in maltreated children. *Proc Natl Acad Sci U S A*, *101*(49), 17316-17321.

◆ Kornblith, A. B., Dowell, J. M., Herndon, J. E., 2nd, Engelman, B. J., Bauer-Wu, S., Small, E. J., Morrison, V. A., Atkins, J., Cohen, H. J., and Holland, J. C. (2006). Telephone monitoring of distress in patients aged 65 years or older with advanced stage cancer: A cancer and leukemia group B study. *Cancer*, *107*(11), 2706-2714.

◆ Langer, E. J., and Rodin, J. (1976). The effects of choice and

enhanced personal responsibility for the aged: A field experiment in an institutional setting. *J Pers Soc Psychol*, *34*(2), 191-198.

◆ Masi, C. M., Chen, H. Y., Hawkley, L. C., and Cacioppo, J. T. (2011). A meta-analysis of interventions to reduce loneliness. *Pers Soc Psychol Rev*, *15*(3), 219-266.

◆ Slavich, G. M., and Cole, S. W. (2013). The emerging field of human social genomics. *Clin Psychol Sci*, *1*(3), 331-348.

◆ Tilvis, R. S., Kahonen-Vare, M. H., Jolkkonen, J., Valvanne, J., Pitkala, K. H., and Strandberg, T. E. (2004). Predictors of cognitive decline and mortality of aged people over a 10-year period. *J Gerontol A Biol Sci Med Sci*, *59*(3), 268-274.

◆ Wilson, R. S., Krueger, K. R., Arnold, S. E., Schneider, J. A., Kelly, J. F., Barnes, L. L., Tang, Y., and Bennett, D. A. (2007). Loneliness and risk of Alzheimer disease. *Arch Gen Psychiatry*, *64*(2), 234-240.

◆ Yalom, I. D. (1980). *Existential Psychotherapy*. New York: Basic Books.

第 13 章

在迟暮之时感激生命的真谛

如果再给我一次选择的机会，我应该不会拒绝从一开始就选择与现在相同的生活，仅仅想要有第二次机会从一开始就去改正一些错误。

——*Benjamin Franklin*，*The Autobiography*

老年人没有懦弱的余地。

——*Bette Davis*

Ben Franklin 表达了大多数老年人的感受——如果生命可以重来，尽管可能会想避免一些错误，但他们仍然愿意过同样的生活。他们仿佛在说"我还是我""当然，我过得并不完美，有遗憾，但是，鉴于我抽到的这一手牌，这已经是尽我所能最好的了"。通过他们的回答，我们看到了他们对人生的接纳。在迟暮之时，我们仍然要秉承业已讨论过的各种品德，就像我们年轻时一样。但是，对于老年人来说，通常还会有额外

的东西。正如哲学家 William May 所言"若这些品德展现于迟暮之年,是会有指导作用的,有时甚至会激发顿悟。"他们的例子让懦弱的年轻人受到鼓舞,让年轻人明白完美的人生体验只有在机缘巧合的前提下才能实现,犹如昙花一现。

年龄偏见与其历史

当我们开始考虑这个计划时,Robert Butler 的工作给我们留下了很深的印象,他是国家老龄化研究所(National Institute of Aging)的创立者,他创造了"年龄偏见"这个词,用来描述美国文化中追求年轻美貌,对变老持有负面态度。为了看起来不像那些老年人,数以百万的人去寻求整形外科医生的帮助。事实上,有一种观点认为变老是不断地走向失能、衰败和死亡的过程。尽管不是人人恐惧失能和衰败,但没人能否认它们带给很多人的恐惧感。当然,对于所有人来讲,死亡都是终点,带着恐惧裹挟而来。然而,正如我们所讨论的,这些事实并不是故事的全部,并不总是如此。如果把变老看成是一件不光彩的事,那伴随着这种想法的观念是"老年人在占用空间和金钱"。很多年轻一些的人宁愿不看到老年人,避免被提醒衰老的存在,将老年人隔离在他们自己的社区外;有些人觉得贬低老人或嘲笑他们的缺点也没什么大不了。尽管老年人可能也会加入,自嘲

地耸耸肩说"老了就是这样"。

　　我们感到教育年轻一代端正态度很重要（无论你从哪里来，很快都会遇到老年问题）；同时提醒老年人也非常重要，老年人不必用同样刺耳的词来看待自己，就像 Lillian，她并没有觉得自己在变老，直到其他人开始像对待老年人那样对待她。正如读书会会员 Anne Maria 所说："是我们造成了自己的问题，因为一开始就接受了这些观念"。

　　我们必须要知道为什么年龄偏见和衰老恐惧症（对衰老或对老年人的恐惧）能够存在千年之久。一方面，我们不得不假设下面这些负面的态度，反映了我们内心更为深层的东西，远甚于害怕皱纹、害怕失去听力……尽管从古到今，世界发生了天翻地覆的变化，但这种执念仍然占据了那么多代人的思想。

因恐惧死亡而害怕衰老

　　正如西塞罗所说，也许衰老特别可怕是因为在年轻人看来，这是死亡前列车停靠的最后一站。我们不愿想到衰老和死亡，因此必须不惜一切代价否认和避免死亡和衰老。当我们年轻的时候，生命看上去没有尽头，不去面对自己的死亡很容易。一位患重病的年轻女士曾对 Jimmie 说："我知道我快要死了，但是我无法相信我快要死了。"似乎很难理

解,难道有一天她能长生不死?

认识和接受死亡是一个循序渐进的过程。通常情况下,一个年轻人最早经历的死亡事件是祖父母的去世,他们的关系足够近,所以丧亲事件会触动到他们,他们与祖父母的关系又足够远,使得丧亲在情感上是可以忍受的。在美国一项全国性的调查显示,在中年开始的时候,有一半的人双亲都健在,而在中年结束的时候,有 3/4 的人都经历了丧失双亲。Mindy 是足够幸运的,双亲仍然健在,一位 90 岁,一位 78 岁。然而,总的来说,当人到中年,他们开始意识到,如果大自然遵循着自身的规律,那么他们很有可能将要面对自己父母的死亡。

这一时刻对于 Jimmie 来说是一个特殊的转折点,在她父母活着的时候她一直感到"安全"。在她的双亲都去世之后,她想到:"现在在我与坟墓之间,再没有隔着什么人了。"看着父母衰老,提醒我们死亡的临近,我们可能会体验到预期的哀伤,有一天他们会离开我们。而且我们提醒自己,正如在西塞罗的散文中,Scipio 告诉 Cato 的那样:"我们是要走同一段长路的旅行者。"

对永恒生命的无休止探索

在死亡不可避免的所有信息中,长生不死的故事从远

古时代直至今天还这么盛行。尽管现实如此,人们一直在书里、在电视节目里和电影里寻找良策——让"死亡"寿终正寝。苏美尔史诗记载了吉尔伽美什(他是传说中苏美尔的王)的故事。这个哀伤的故事讲述的是在距荷马出生1500年前,比《圣经》还要古老的时代,国王吉尔伽美什在他的朋友恩奇都死亡后,寻找战胜死亡的方法,想要赢回他朋友的生命,并让自己长生不死。他几乎成功了。上帝告诉吉尔伽美什如果他能吃到一种生长在海底的植物就能获得永生。吉尔伽美什将石头绑在小腿上沉入海底,在海底找到了那种植物,他割断绳索,释放石头,带着那株植物浮上海面。然而吉尔伽美什并不是唯一一个想要得到这株植物魔力的人。他来到岸边,把植物暂时放下,去附近的井边取水而没有看着它。当他返回的时候发现一条蛇已经吃了这株植物,后面还留着它褪下来的皮。陷入挫败的吉尔伽美倒在地上哭泣,而那条蛇已经褪去了旧皮,开始了它新的生命。

蛇成为再生和不死的一个符号,并与古希腊掌管治愈和医药的神阿斯克勒庇俄斯有关。他的形象常常被描述为手执一根盘有蛇的权杖。从那以后,人们认为阿斯克勒庇俄斯的权杖与医学治愈的艺术相关。在帕加马,一个早期的阿斯克勒庇俄斯的形象中,希腊人将蛇雕刻在入口处的一个支柱的侧面,时至今日,仍然可以在留存下来的立柱上

看到蛇。据说祭司将无毒的蛇置于地上象征着希望、再生和不死。有一些流传了几千年的传说，据说饮用某处泉水或在其中沐浴便可永葆青春，其中就包括希罗多德描述的一处和亚历山大大帝找到的一处。在 16 世纪的欧洲，流行过很多这种传说，鼓舞着像 Ponce 和 Leon 这样相信此类传说的探险家们，他们去寻找"常春泉"，结果被困在佛罗里达。佛罗里达州的圣彼得堡是他们第一次登陆的地方，人们传颂着这个故事，并把它作为吸引游客的一个噱头。而现在，我们可能会嘲笑那些相信"常春泉"的信仰，取而代之的是，一些人相信对抗死亡的产品广告，一些抗衰老的乳液、维生素和长生不老药。可以肯定地说，期盼不死的愿望仍然鲜活地存在着。

感 恩 生 命

这将我们带回到那个问题上，为什么 U 型曲线显示，那些更接近死亡的老年人反而感觉自己过得更好呢？这违反了我们的直觉，然而，这验证了西塞罗的观察结果——老年人通常来讲，并不是闷闷不乐和恐惧死亡的。正如 Lillian 所说："在我很小的时候，惧怕死亡，现在很明显不害怕了，因为我厌倦了，我想看到接下来会发生什么。"

医学家和哲学家 Lewis Thomas 对这一新的看法进行了

总结:我们不得不放弃对死亡的这些看法——认为死亡是灾难性的、可憎的或可以避免的,甚至是奇怪的,我们需要了解更多在其他维度中的生命轮回,以及我们与这一过程的连接。任何新生的生物好像都是在等待与死亡交易,每个细胞都是如此,代代相传。认识到这种时序的同步性,可能会有些许安慰,在这种模式下我们将一起逝去,再一起成为最好的陪伴。

老年人可能会立遗嘱,选择他们的健康权利代理人,讨论葬礼的计划。这些都是适当计划中的步骤。有些人会补充说:做这些事会让老年人感觉更好一些,选择一个信任的人代表自己,做好计划,能够预见,不给他们的孩子增加负担。除此以外,当这些事做好之后他们把这一议题放下,回过头来活在当下。并不是否认或逃避现实,而是面对现实继续生活。

永生的 Tuck

《永生的 Tuck》(*Tuck, Everlasting*)是一本儿童读物,作者是 Natalie Babbitt。书中提出了一个关于死亡的有趣观点,和对不死的渴望。Tuck 和他的妻子以及两个儿子偶然间喝了有魔力的泉水,保护他们既不会衰老也不会死去。尽管一年一年的过去了,他们一直停留在刚喝魔力泉时的年龄。早晚有一天,儿子不得不放弃自己的爱情,因为和他

结婚的女人继续正常地老去了,而他们一家永远保持着年轻。这家人不得不搬家,因为邻居们开始意识到他们有些怪异。当一个叫 Winnie 的女孩发现了魔力泉,想要喝的时候,Tuck 劝她不要喝,并将年龄不再增长描述为一个可怕的负担。他解释说,注视着生命就好像注视着流动的溪流,溪流始终继续流淌,但一直是不同的水流过,这与自然的其他部分是一致的。"Winnie,青蛙也是它的一部分,和虫子、鱼、灌木都一样。还有人,但不是同样的人。一直在以新的方式前行,一直在成长,在改变,一直在前行。自然原本就应该如此。事情就是这样。"当 Winnie 说她不想死的时候,Tuck 说:"死亡(逝去)也是轮回的一部分,它就在那里,恰恰是紧接着出生的下一步(方生方死)。你不能只选择自己喜欢的部分而把剩余的都舍弃。成为整体的一部分,这是祝福……你不可能拥有没有死亡的生。"

老年人更容易理解,生命就是这样的。他们带着有一天不得不放弃生活的现实而继续生活着。他们不踯躅于死亡,相反,他们把这个现实放在一边,最大限度地享受他们拥有的每一天。这种能力是他们教给其他人最伟大的课程之一。这本所谓的儿童读物应当出现在每一个成年人的书架上。对于"久经风霜的长者",Joan Lusting 说,不死的观念,或者说活得更长,比死亡的念头更可怕。

Joan Lusting：被她的会计救了

Joan 是一位充满活力的 89 岁寡妇，没有孩子，也没人陪伴，她大部分的朋友都已经去世了。她以自己的节俭为自豪，她很好地适应了退休、寡居，甚至卵巢癌。她一直一个人住，但她喜欢自己的幽居，尽管衰老带来了各种各样的疼痛和痛苦，但她感觉还好。然而，一次就诊改变了所有的一切。医生告诉 Joan 她的心脏问题到了一个临界点，很可能会在接下来几个月内恶化，她应该相应地去安排自己的生活，尽管她现在身体状况还能应对。医生建议她搬去养老院。

Joan 被失去家的念头击垮，很快抑郁了。她尝试着找一个帮手到家里而不是搬去养老院，而且她找到了非常喜欢的帮手。但是，她付得起她的工资吗？她的钱多久会用光呢？下一步怎么办？

Joan 认识一位很值得她信任的会计，她向这个人寻求建议。经过计算，会计说，"Joan，你可以在接下来的 19 年都雇佣这位你找到的可爱的女士！"她的恐惧减轻了，当她可以宣称财务安全，至少在 108 岁前是安全的时候，她笑了。对于 Joan 来说，此时死亡或许起着安慰的作用，因为让她感到最害怕的是，人活着，钱却花光了。

现实,恰恰是不断增长的对自我的认识

总之,认识死亡需要让我们的头脑拥有足够多的品德,像勇气、智慧、正义、节制等,去应对这一生命中最可怕的部分。就像 Blader Runner 认清了他的敌人——"所有他想要的与我们其他人想得到的答案都一样。我从哪儿来? 我要到哪去? 我还有多久?""我们都将去另一个世界,一起成为最好的陪伴",Lewis Thomas 说。我们越是更近距离地面对死亡,就越需要激发自己最好的部分。

Jimmie 最喜欢的篇章之一来自 Fannie Flagg 的书,《小囡囡,欢迎来到这个世界》(*Welcome to the World*, *Baby Girl*)故事发生在一个密苏里的小镇,使 Jimmie 回忆起她幼年时看到的乡村景色。在 Flagg 的书中,Elner 阿姨(阿姨的世界就是幼年 Jimmie 可及的环境),将一个很大的关于"存在"的问题,用下面的简明文字表述出来:

……可怜渺小的人类,他们猛然间来到这个世界,丝毫不知道自己从哪里来,本应该做些什么,要做多久,或者在这之后又将飘向哪里。但是扪心自问,绝大多数人每天早晨醒来,都会坚持在生活中制造一些意义。为什么你会情不自禁地爱上他们,不是吗?

事实上，"试着制造意义"是我们都在做的事情，就在我们每天努力一步步不断前行的同时，接受生命的有限性，鞭策我们照顾好生命中重要的事情而不是为小事担忧。Laura Carstensen 和她的同事们研究了"来日无多"这一视角的影响，发现感到来日无多会极大地增加生活的幸福感。对于 Nancy 来说，在她中年后期建立起来的冷静，很大部分是因为她能够接受面对未来的不确定感继续生活。这让她更能感激拥有的每时每刻，对昨天少一些负担，对未来少一些担忧。

生存预期的缩短意味着我们取悦他人、担忧职业目标和孩子的需要减少了，毕竟儿孙自有儿孙福。人到中年的最大负担恰恰是我们的过去。当我们意识到自己来日无多时，常常会让我们更关注人际关系。这种关注，反过来会让我们去修复破裂或被忽视的人际关系。对于哲学家 William May 来说，临近死亡是我们需要转变的动力源，因此我们可以把死亡放在一个更大、更有意义的背景中，去原谅或被原谅，感到充实和目标明确，在注视着正确方向的同时，还能够停下来享受洒向街道的阳光，欣赏美好的时刻，例如一段优美的音乐、一次美丽的日落。不是草草收尾，而是能够精彩生活，欣赏每时每刻。简而言之就是——轻装前行。

感恩和幽默

意识到时间的有限性,会让我们在年老的时候感恩我们能活那么多年,甚至会感恩生命本身。我们在第6章讨论过,幽默特别重要,它能让我们把年老时困扰不适的日常生活变得轻松。当我们对虚弱一笑置之时,优雅与勇气并存。再一次团体会面的过程中,当一位成员投入到对症状过于琐碎的描述时,另一位成员评论道:"我们这里不需要风琴演奏(organ 兼有风琴和器官的意思,上述发言者正是在喋喋不休地叙述各个器官的症状)"。

告诉我们需要如何整理行装

对那些处于疾病末期的人来说,需要专门的照顾和关注,这能帮助人们了解面对死亡的感觉。似乎面临死亡者可以给健康者或年轻人一些特别的认知。最好在讲述的时候还能夹杂点幽默。Morrie Schwartz 是布兰达斯大学的一位退休教授,患有肌萎缩侧索硬化症(渐冻症),这是一种进行性加重的疾病,患者会逐渐丧失肌肉的力量。让我们一起听听他的故事。

与 Morrie 相约的星期二

在 Morrie 因参加"午夜连线"这一档访谈节目而变得举国闻名之后,体育记者 Mitch Albom 去探望这位年迈的老师。Morrie Schwartz 是一位从教 30 年的老师,选择用他的死亡作为最后的教学科目:"跟我学吧"他对 Mitch 说,Mitch 立刻决定"选修"Morrie 的课程。

Morrie 说:"人们把我看作一座桥,我现在既不是像从前那样活着,也不是已经死了,我处于一种中间状态,我正处在最后一次伟大的旅行当中,人们期待我告诉他们如何整理行装……当你学会了如何去死,你就学会了如何活着。Morrie 也像 Lewis Thomas 那样,指出我们是自然的一部分,但他更进一步——我们又与自然的其他部分不同,我们能够理解,我们能够爱。"只要我们能够爱着他人,并记住我们曾经拥有的爱的感觉,我们可能会死去但并不会真正地离开。你所创造的所有的爱还会在那里……死亡结束的是生命而不是关系。"

变老并不只是我们随着时间而失去各种能力,还包括我们得到的领悟。对于害怕变老,Morrie 感到,"你理解自己在走向死亡,因此你会生活得更好。"

Art Buchwald:"死亡之星"

另一位名人带着少有的、丰富的幽默感,用自己的走向

死亡的过程来教导大家,他就是 Art Buchwald。他是一个老牌出版集团的专栏作家,一位幽默大师。他说:"死并不难,让医保付费才难!"

Buchwald 想到自己是一位"死亡之星",因为死亡被延缓而著名。他第一次住进养老院时 81 岁,那时他的肾脏功能被医生预期撑不过几个星期,然而他活到了 5 个月以后,还依然健壮。因为死亡被延缓的时间太长了,他收到了来自全世界的信件和电话,人们告诉他,他们喜欢与不害怕谈论死亡的人交谈。Morrie 和 Buchwald 发现人们很愿意分享对死亡的问题和恐惧。

"诚实地讲,我享受临近死亡的每时每刻"。他还趁热打铁,根据自己的经历写了一本畅销书《太匆忙而来不及说再见》(*Too Soon to Say Goodbye*)。也像 Morrie 一样,Buchwald 邀请他的朋友们来家中庆祝他的"生者追思会",因为这样他就能与他们一起享受这一时刻而不必缺席。他收到了朋友们对他的很多溢美之词,他把这些都收录到自己的书中。华盛顿邮报的 Brandlee 写到:他让每个人好像都挺有趣和有幽默感,即使他们并不是这样。

在 2007 年 1 月 17 日,Buchwald 去世了,离他"撑不过几个星期就会死亡"已经过去了一年。《纽约时报》播放了一条他笑逐颜开的视频,视频中他宣布:"嗨,我是 Art Buchwald,我死了!"

最 后 的 话

能以此时此地的态度面对死亡的人,常常会感到生命对于自己的意义,他们想知道自己的生命对于周围的人有什么意义。通常,他们脑子里会有很多我们讨论过的美德。以 Art Buchwald 为例,他想让人们记住他能给别人带来欢笑,就像他在《纽约时报》系列视频中所说的"最后的话"一样。这个系列视频还采访了其他一些杰出的人物,也给大家很强烈的感受,他们似乎很高兴谈论他们想被别人如何记住。如 88 岁的新闻工作者 Mick Wallace,他想让别人记住的美德是刚正不阿。对于棒球运动员 Bob Feller 来说是,他想成为拥有好父母,抚养好自己的孩子,做一名好教练和好老师,热爱国家的人。

老人可以教给我们很多事,例如面对生死。他们作为年轻人的导师,最伟大的责任是帮助他们理解。如 Cato 在西塞罗的散文中写到的,衰老并不像你想象的那么坏,死亡也不是那么可怕的事,综上所述,不要让它们干扰你的生活。老年人积极地面对衰老这一现实,通常可以活得很好。年轻人可以更多地以放松和诚实的心态与他们互动,这样年轻人对死亡和衰老的恐惧也会更少。绝大部分的老人愿意有这样的机会来讲述他们的经历,我们都可以作证。

儿童图书的作者 Maurice Sendak 在国家大众广播电台接受记者 Terry Gross 访问时,再清楚不过地表达了他想要通过这最后一节课传递的内容:"好好生活! 好好生活! 好好生活!"

参考文献

◆ Albom, M. (1997). *Tuesdays with Morrie:An Old Man,a Young Man, and Life's Greatest Lesson*. New York:Doubleday.

◆ Anonymous. (1960). *The Epic of Gilgamesh:An English Verison with an Introduction*. Sandars, N. K.,Trans. Vol. Tablets 11,12. London: Penguin Classics.

◆ Babbitt, N. (2007). *Tuck Everlasting*. New York:Farrar,Straus and Grioux.

◆ Buchwald, A. (2006). *Too Soon to Say Goodbye*. New York:Random House.

◆ Butler, R. N. (2008). *The Longevity Revolution:The Benefits and Challenges of Living a Long Life*. New York:Perseus.

◆ Carstensen, L. L. (2006). The influence of a sense of time on human development. *Science*,*312*(5782),1913-1915.

◆ Carstensen, L. L.,Pasupathi, M.,Mayr, U.,and Nesselrode,J. R. (2000). Emotional experience in everyday life across the adult life span. *J Pers Soc Psychol*,*79*(4),644-655.

◆ Cicero, M. T. (1820). *An Essay on Old Age*. Translated by W. Melmoth.

Google Ebook.

◆ Flagg, F. (1998). *Welcome to the World, Baby Girl*! New York: Random House.

◆ Franklin, B. (1961). *The Autobiography and Other Writings*. New York: Penguin.

◆ May, W. (1986). The virtues and vices of the elderly. In T. R. Cole and S. A. Gadow (eds.), *What Does It Mean to Grow Old: Reflections from the Humanities*. Durham, NC: Duke University Press.

◆ McDonald, B. (2012, April 8, 2012). Last word: Mike Wallace. *The New York Times*. Retrieved from http://www. nytimes. com/video/obituaries/1194826917764/last-word-mike-wallace. html

◆ McDonald, B. W., T. (2007, January 18, 2007). Art Buchwald: I just died. *The New York Times*. Retrieved from http://www. nytimes. com/video/obituaries/1194817093353/i-just-died. html?playlistId=1194820770698

◆ Orr, M. (2010, December 15, 2010). Last word: Bob Feller. *The New York Times*. Retrieved from http://www. nytimes. com/video/obituaries/1247464008751/last-word-bob-feller. html

◆ Sendak, M. (2011). On life, death, and children's lit. In T. Gross (ed.), *Fresh Air*: National Public Radio.

◆ Thomas L. (1974). *Death in the Open Lives of a Cell: Notes of a Biology Watcher* (pp. 96-99). New York: Viking.

◆ Warren, R. (1998). *Women's Lip: Outrageous, Irreverent and Just Plain Hilarious Quotes*. Hysteria.